JN087649

バトル・オブ・ブリテン1940

ドイツ空軍の鷲攻撃と史上初の統合防空システム

BATTLE OF BRITAIN 1940

ダグラス・C・ディルディ 著
橋田和浩 監訳

芙蓉書房出版

イギリス空軍統合防空システム及び任務部隊、1940年8月12日(→本文48頁参照)

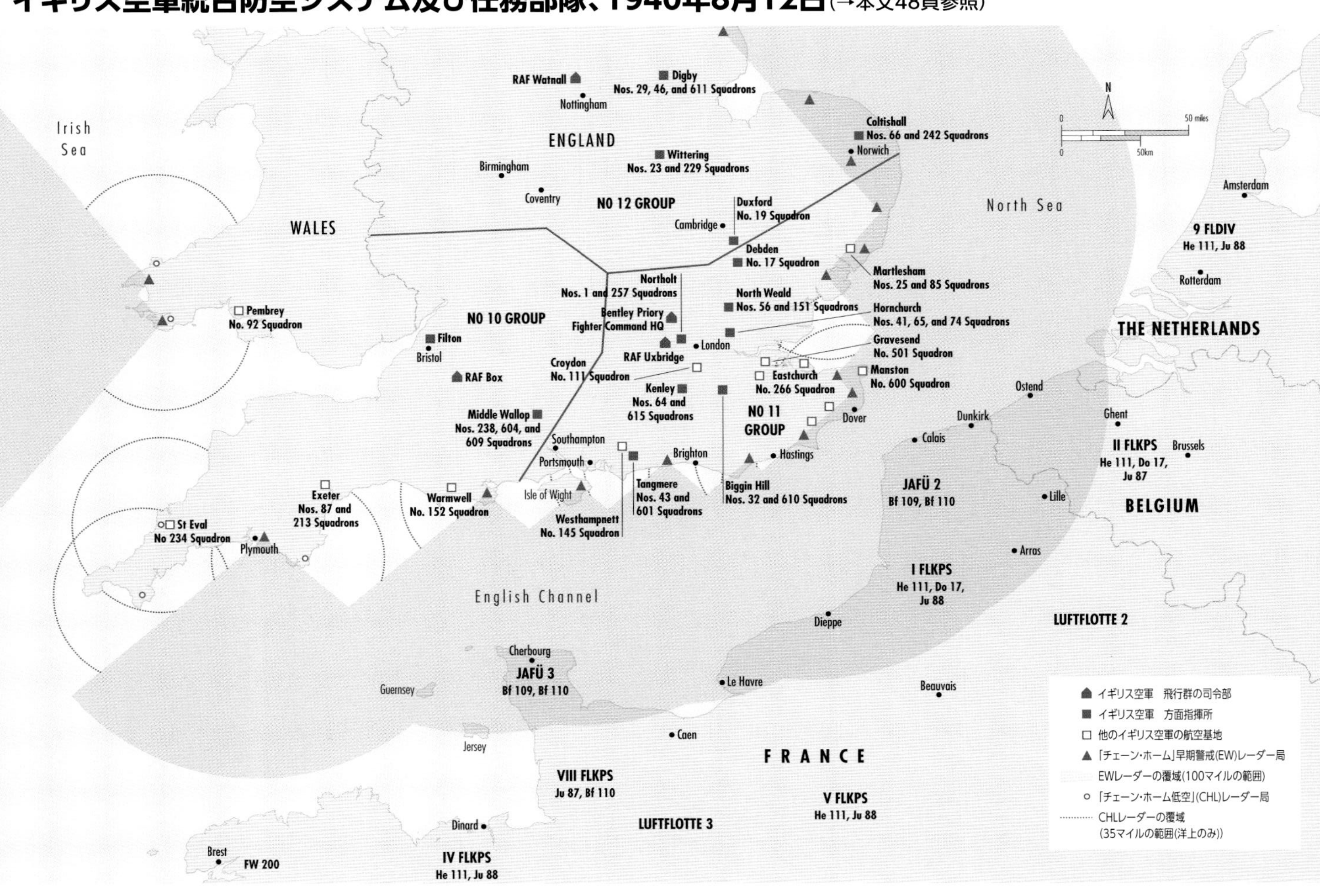

イギリス空軍の統合防空システム（→本文57頁参照）

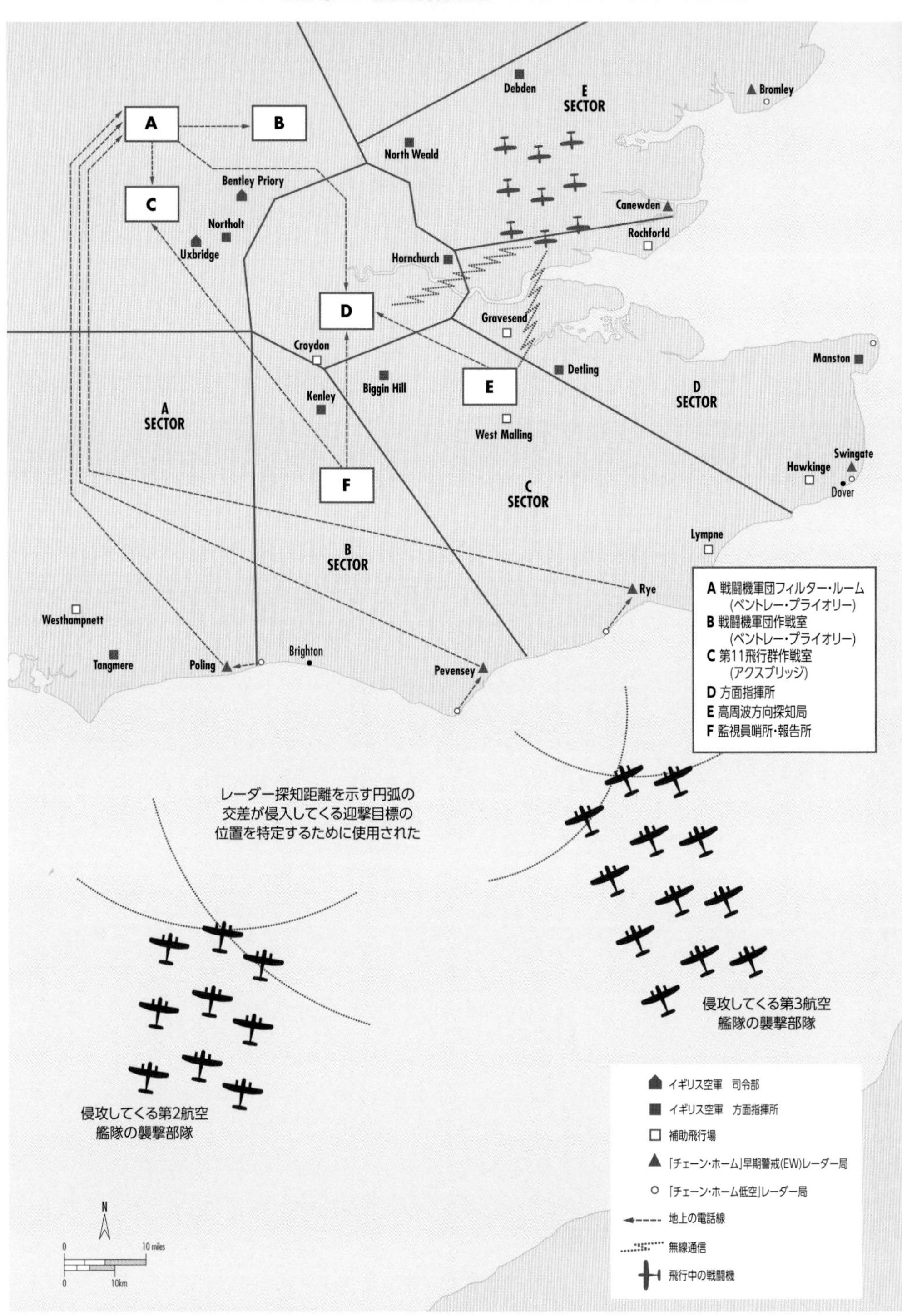

鷲攻撃のためのドイツ空軍の展開状況(→本文72頁参照)

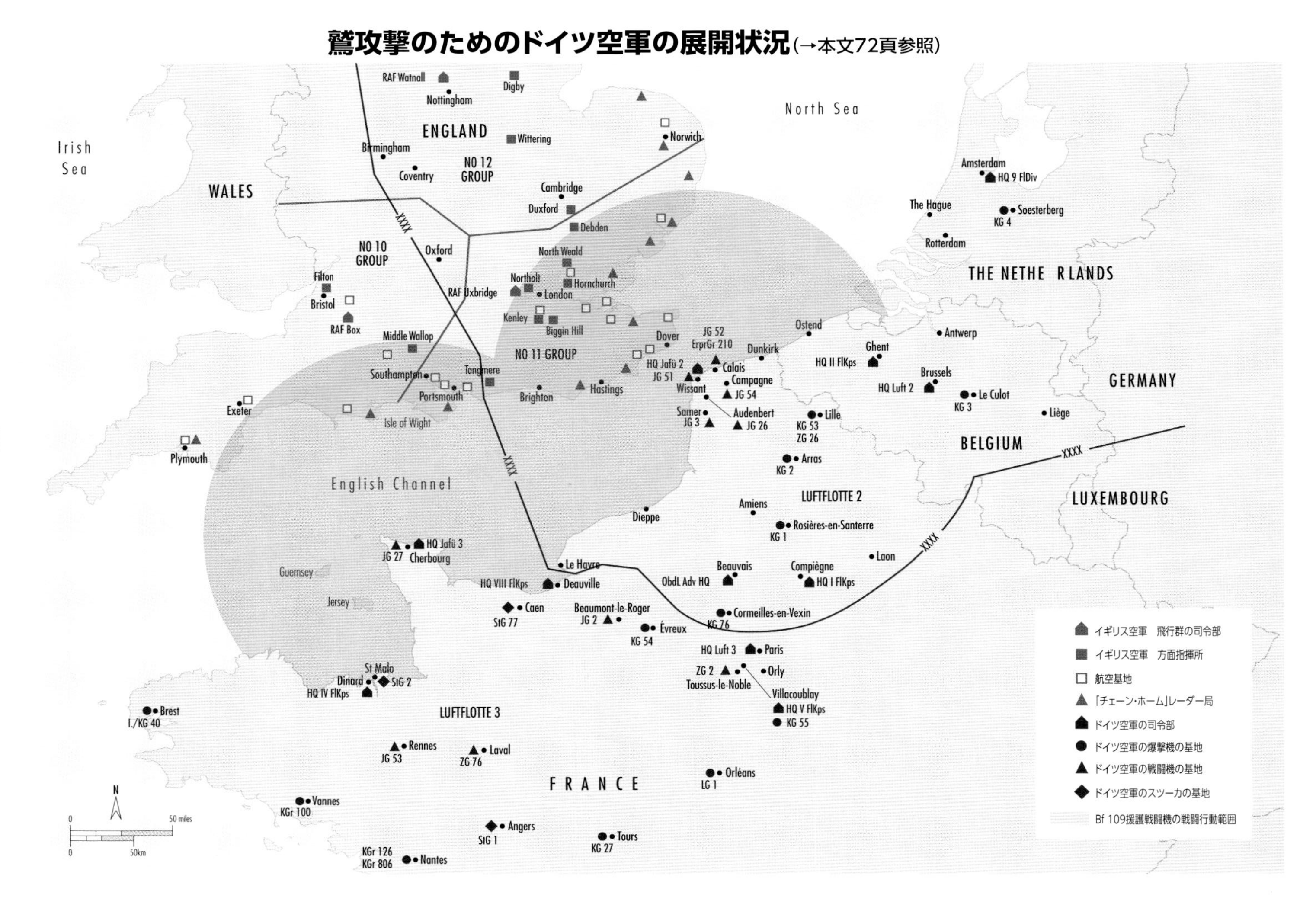

鷲攻撃　フェーズI　1940年8月15日の大規模な攻撃(→本文94〜95頁参照)

Adlerangriff (Eagle Attack) phase I

The main attack, 15 August 1940

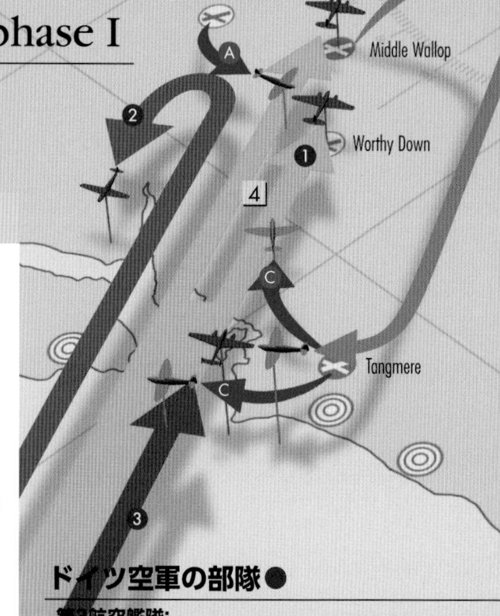

EVENTS

1. 1530–1545hrs: following morning Stuka and Zerstörer raids that devastate Hawkinge, Lympne and Manston with little loss, Luftflotte 2 launches a large strike with 88 Do 17Zs (KG 3), escorted by 130 Bf 109s (JG 51, JG 52, JG 54) with 60 more (II. and III./JG 26) sweeping ahead of the large, wide formation. No. 11 Group responds with seven squadrons, three of which (17, 32 and 64 Sqns) are engaged by the Bf 109s and lose two Hurricanes and two Spitfires to two Bf 109s (JG 51) shot down.

2. 1545–1550hrs: losing only two Do 17s (6./KG 3) to RAF interceptors, KG 3 strike Eastchurch (III. Gruppe) and Rochester (I. and II. Gruppen) airfields and the Short Brothers Stirling bomber factory at the latter. The airfields are devastated and Stirling production is disrupted, reducing deliveries for the next three months.

3. 1510hrs: under cover of KG 3's large raid, ErprGr 210 flies north from Calais, at low level over open seas, to attack Martlesham Heath, a satellite field for No. 17 Squadron. Alerted late by a nearby Chain Home Low radar, that squadron scrambles one section and No. 12 Group sends 12 Spitfires (19 Sqn), but the only unit to make contact are nine Hurricanes (1 Sqn), which lose three to the Bf 109 'Jabos', and fail to score.

4. 1730–1750hrs: Luftflotte 3 launches two major raids, simultaneously striking Portland naval base and airfields in No. 10 Group's Y-Sector. While 47 Stukas (I./StG 1 and II./StG 2) dive-bomb docks, barracks and oil storage facilities at Portland (not shown), 27 Ju 88s (I. and II./LG 1), escorted by 40 Bf 110s (II./ZG 2 and II./ZG 76) and 60 Bf 109s (JG 2), penetrate inland near Portsmouth, forcing their way through defending Hurricanes (43, 249, and 601 Sqns) and Spitfires (609 Sqn). The Bf 109 escorts return to base early due to fuel limitations and the bomber formation splits, half bombing Middle Wallop while the others hit Worthy Down and Odiham. Bombing destroys three Blenheim IFs (604 Sqn) at Middle Wallop, but losses are heavy with five Ju 88s falling to Hurricanes (601 Sqn) and two more failing to return.

5. 1830–1850hrs: attempting to exploit Park's disrupted fighter defence, behind a large 'Freie Jagd' sweep (JG 26) Luftflotte 2 sends Staffel-strength formations of He 111s (KG 1) and Do 17s (KG 2) that hit West Malling (by mistake) and Hawkinge and the radar stations at Dover, Rye, and Foreness. Little damage is done but no losses are incurred. The sweep engages Hurricanes (151 Sqn), shooting down three for no loss.

6. 1850–1900hrs: under the cover of the late afternoon raids, ErprGr 210 crosses the coast at Dungeness, heading north-west towards London to attack the Kenley sector station. Approaching the city's suburbs, they turn left and commence a diving attack, mistakenly, on Croydon Airport, a satellite field for No. 111 Squadron. No. 111 Squadron has just scrambled and quickly intercepts the raiders, shooting down seven 'Jabos' for no loss.

ドイツ空軍の部隊●

第3航空艦隊:

1. 第1教導航空団第1飛行群と第2飛行群(I.&II./LG 1)(オルレアン=ブリシーから出撃)
2. 第2戦闘航空団(JG 2)(ベルネー、オクトヴィル、ボーモン=ル=ロジェから出撃)
3. 第2駆逐航空団第2飛行群(II./ZG 2)と第76駆逐航空団第2飛行群(II./ZG 76)(パリとアミアンから出撃)

第2航空艦隊:

4. 第1爆撃航空団(KG 1)(アミアン地域から出撃)
5. 第2爆撃航空団(KG 2)(アラスとカンブレーから出撃)
6. 第3爆撃航空団(KG 3)(アントウェルペンとブリュッセルから出撃)
7. 第26戦闘航空団第2飛行群と第3飛行群(II.&III./JG 26)(爆撃機に同行する対戦闘機掃討任務機)
8. 第51戦闘航空団(JG 51)
9. 第52戦闘航空団(JG 52)
10. 第54戦闘航空団(JG 54)
11. 第210高速爆撃航空団(ErprGr 210)ー第1波
12. 第210高速爆撃航空団(ErprGr 210)ー第2波
13. 第76駆逐航空団第1飛行群(I./ZG 76)(サントメールから出撃)

記号

イギリス空軍実験施設タイプ1(長距離)「チェーン・ホーム」早期警戒レーダー局

イギリス空軍方面指揮所

航空基地

※地図中の「EVENTS」の和訳は96頁参照

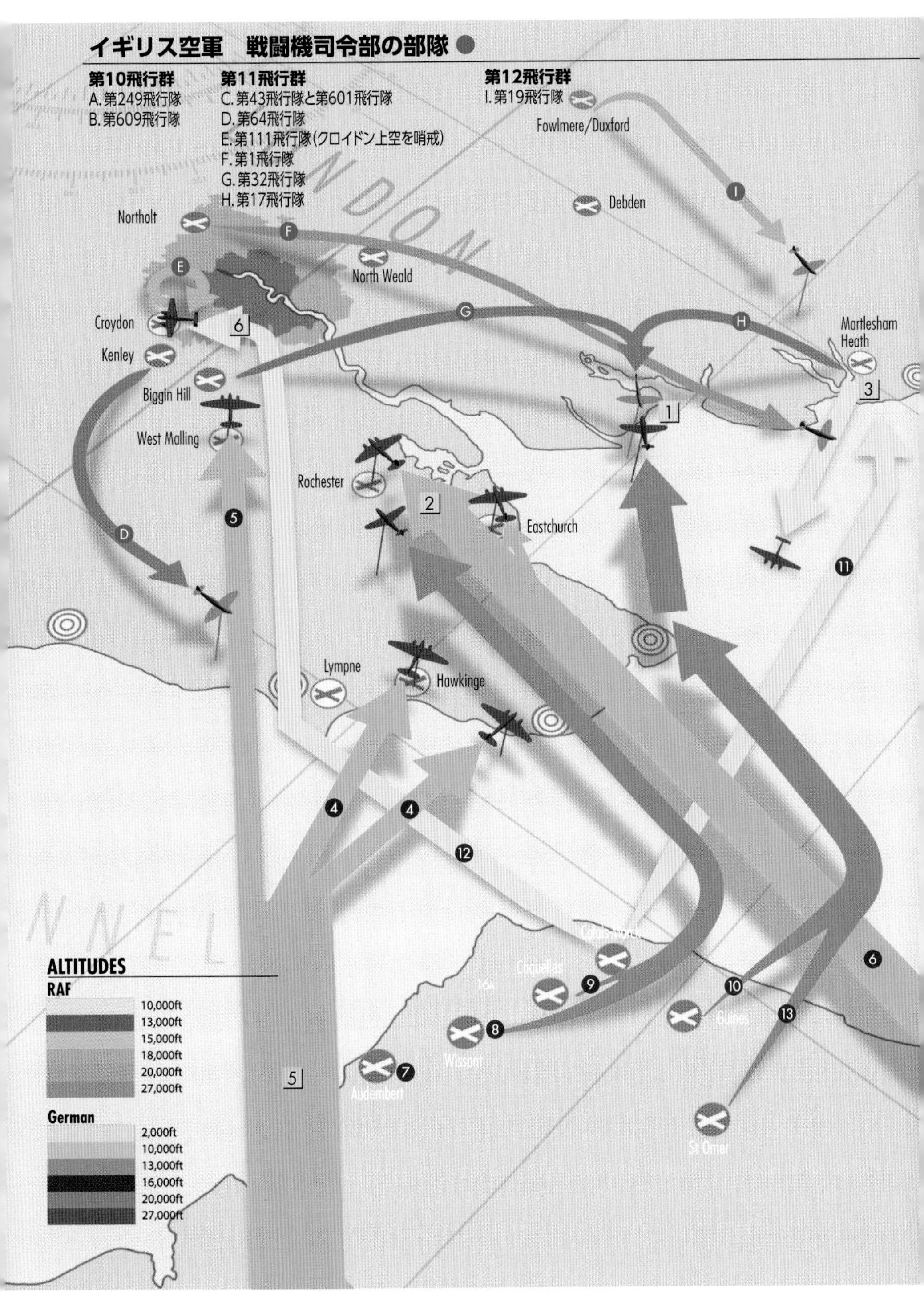

鷲攻撃　フェーズⅢ　1940年9月15日の大規模な攻撃(→本文132〜133頁参照)

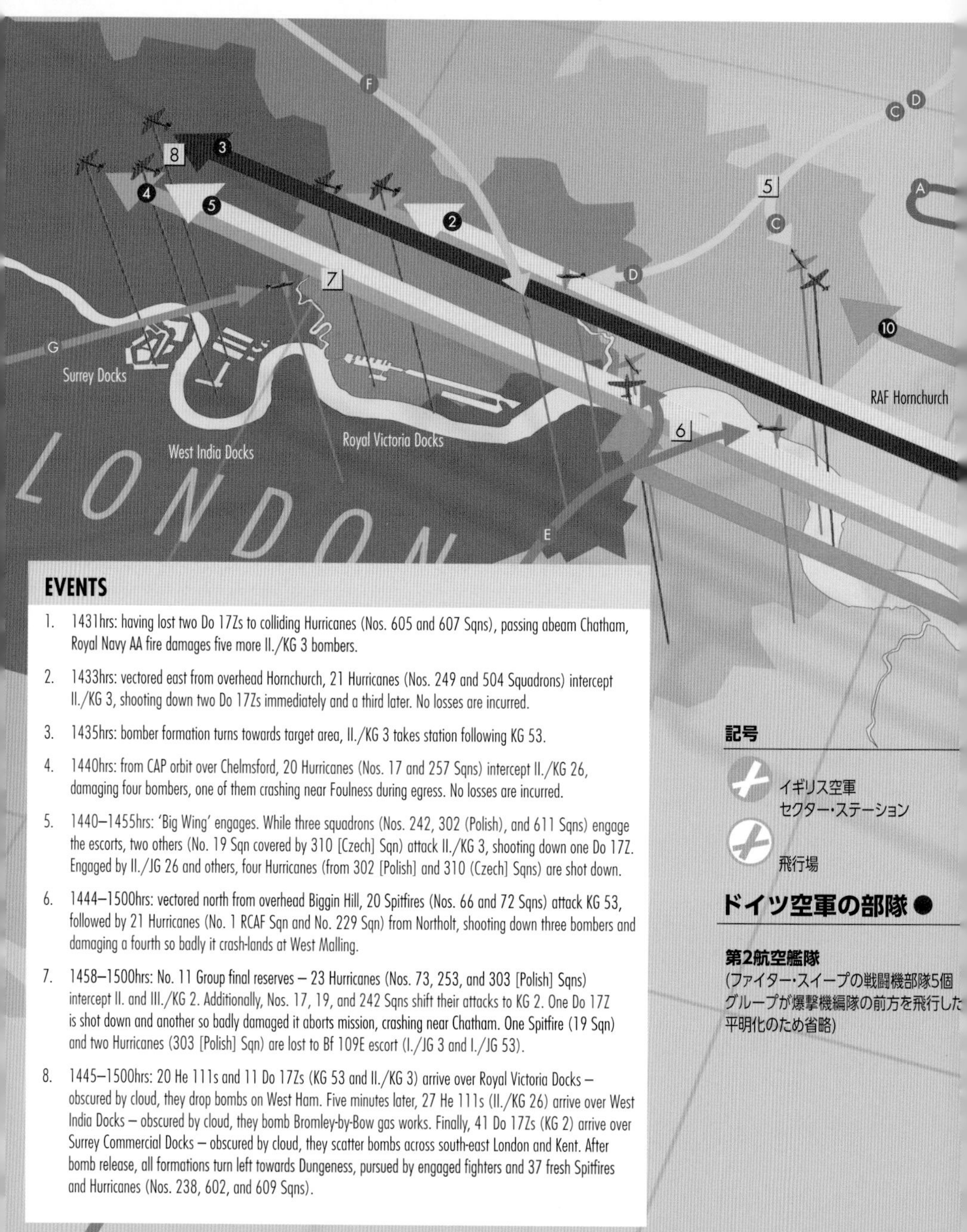

EVENTS

1. 1431hrs: having lost two Do 17Zs to colliding Hurricanes (Nos. 605 and 607 Sqns), passing abeam Chatham, Royal Navy AA fire damages five more II./KG 3 bombers.
2. 1433hrs: vectored east from overhead Hornchurch, 21 Hurricanes (Nos. 249 and 504 Squadrons) intercept II./KG 3, shooting down two Do 17Zs immediately and a third later. No losses are incurred.
3. 1435hrs: bomber formation turns towards target area, II./KG 3 takes station following KG 53.
4. 1440hrs: from CAP orbit over Chelmsford, 20 Hurricanes (Nos. 17 and 257 Sqns) intercept II./KG 26, damaging four bombers, one of them crashing near Foulness during egress. No losses are incurred.
5. 1440–1455hrs: 'Big Wing' engages. While three squadrons (Nos. 242, 302 (Polish), and 611 Sqns) engage the escorts, two others (No. 19 Sqn covered by 310 [Czech] Sqn) attack II./KG 3, shooting down one Do 17Z. Engaged by II./JG 26 and others, four Hurricanes (from 302 [Polish] and 310 (Czech] Sqns) are shot down.
6. 1444–1500hrs: vectored north from overhead Biggin Hill, 20 Spitfires (Nos. 66 and 72 Sqns) attack KG 53, followed by 21 Hurricanes (No. 1 RCAF Sqn and No. 229 Sqn) from Northolt, shooting down three bombers and damaging a fourth so badly it crash-lands at West Malling.
7. 1458–1500hrs: No. 11 Group final reserves – 23 Hurricanes (Nos. 73, 253, and 303 [Polish] Sqns) intercept II. and III./KG 2. Additionally, Nos. 17, 19, and 242 Sqns shift their attacks to KG 2. One Do 17Z is shot down and another so badly damaged it aborts mission, crashing near Chatham. One Spitfire (19 Sqn) and two Hurricanes (303 [Polish] Sqn) are lost to Bf 109E escort (I./JG 3 and I./JG 53).
8. 1445–1500hrs: 20 He 111s and 11 Do 17Zs (KG 53 and II./KG 3) arrive over Royal Victoria Docks – obscured by cloud, they drop bombs on West Ham. Five minutes later, 27 He 111s (II./KG 26) arrive over West India Docks – obscured by cloud, they bomb Bromley-by-Bow gas works. Finally, 41 Do 17Zs (KG 2) arrive over Surrey Commercial Docks – obscured by cloud, they scatter bombs across south-east London and Kent. After bomb release, all formations turn left towards Dungeness, pursued by engaged fighters and 37 fresh Spitfires and Hurricanes (Nos. 238, 602, and 609 Sqns).

記号

イギリス空軍
セクター・ステーション

飛行場

ドイツ空軍の部隊 ●

第2航空艦隊
(ファイター・スイープの戦闘機部隊5個グループが爆撃機編隊の前方を飛行した
平明化のため省略)

Adlerangriff (Eagle Attack) phase III

The main attack, 15 September 1940

※地図中の「EVENTS」の和訳は134頁参照

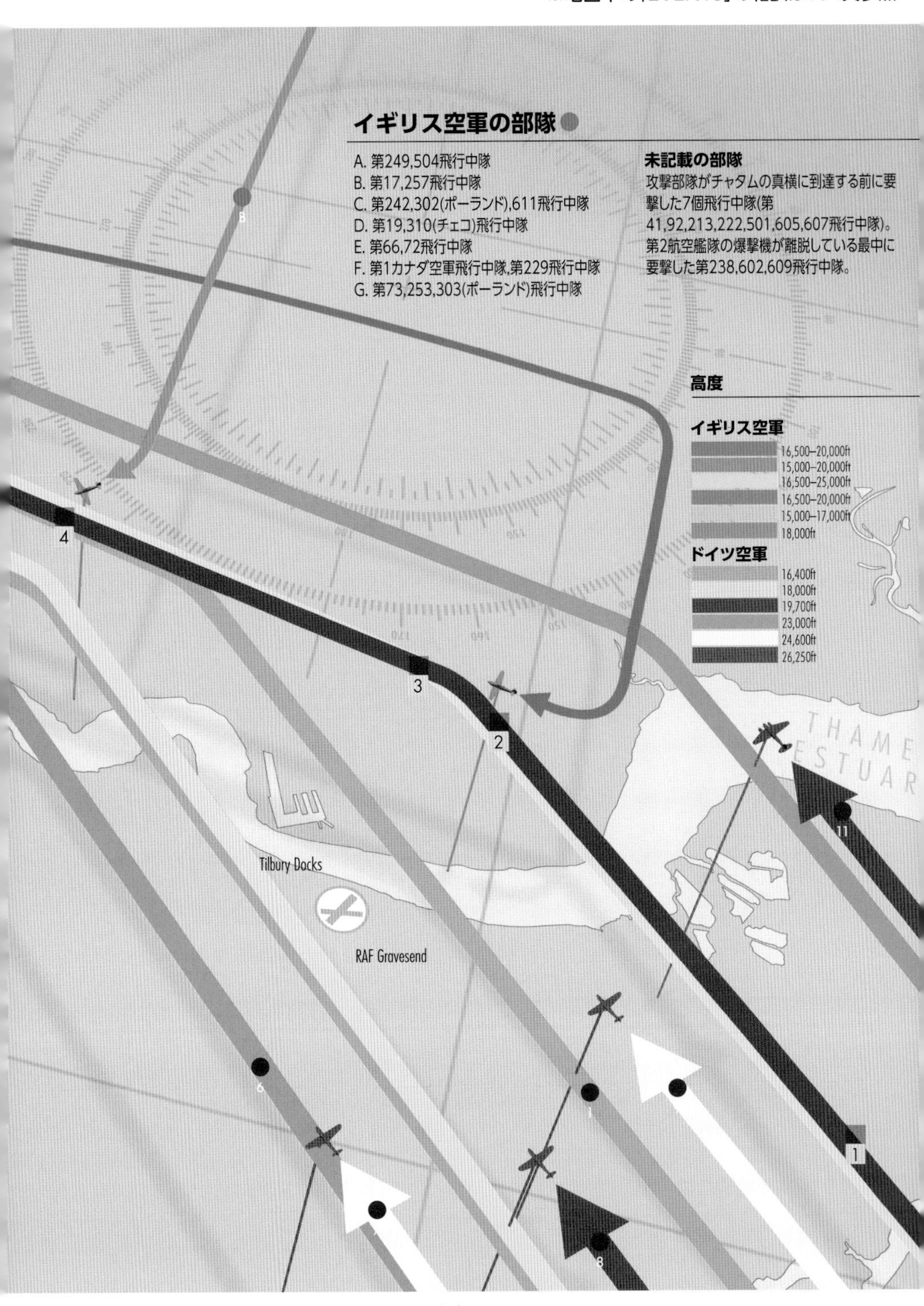

ドイツ空軍のミッション構成(→本文91頁参照)

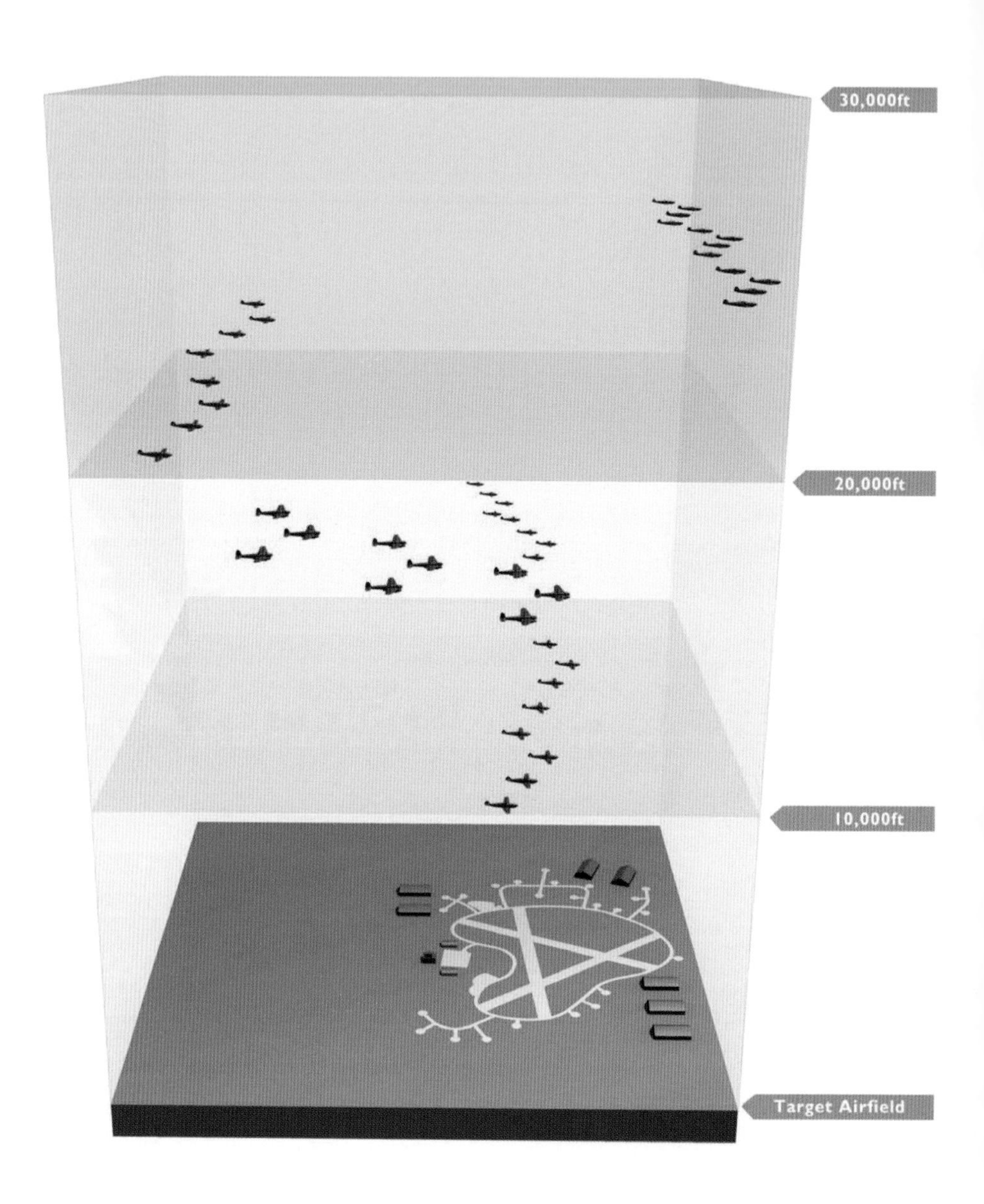

まえがき

バトル・オブ・ブリテンは、歴史上最も有名な航空作戦と言われ、国内外を問わず、幾多の専門家がその研究や分析評価に関わってきました。この戦いは、今日においても空の領域を主戦場とする空軍種にとっては、教科書的存在であるといえます。

元米空軍パイロットの著者ダグラス・C・ディルディが描く航空作戦、特にドイツ空軍による攻勢対航空作戦は、その戦術について3次元的にイメージしやすく描かれているとともに、軍事戦略の観点からも地上で指揮するハイレベルの指揮官が様々な局面において何を重視し、それに伴う戦略や戦術の変更が作戦の帰趨にどのような影響を及ぼしたのかがわかりやすく展開されています。

一般的に、防御は受動的であり、戦力が分散しやすい航空作戦では、攻撃側が有利であるといわれる中、イギリス空軍は当時の最先端技術であるレーダーと警戒管制システムを駆使して、 ドイツ空軍の行動をより早くより正確に把握することで、効果的かつ粘り強く防勢対航空（防空）作戦を実施し、勝利を獲得しました。

今も昔も、脅威に対峙するとき、情報に優越し、効果的な打撃力を発揮し得るゲーム・チェンジャーとなる最先端技術を先んじて獲得することが重要といえます。また、その指揮官のリーダーシップが戦果に大きな影響を与えることは言うまでもありません。

そのような視点から、安全保障や防衛に関する基礎的な知識や考え方などの教育を行っている防衛大学校防衛学教育学群に所属する航空自衛官の教官有志が中心となって、それぞれの職務上の経験・知識を付言しつつ、原書の翻訳を行いました。

バトル・オブ・ブリテンの教訓は、戦闘が陸・海・空の領域にとどまらない予見困難な将来様相においても、新しい戦略や戦術を創造していくことの蓄えであり、未来への備えであるとの思いを再認識しつつ、本書が多くの方の理解の一助となれば幸いです。

2021年2月

防衛装備庁プロジェクト管理部
プロジェクト管理総括官（航空担当）
（元防衛大学校防衛学教育学群長）
空将補　中澤 省吾

バトル・オブ・ブリテン 1940
ドイツ空軍の鷲攻撃と史上初の統合防空システム

目次

✺序　論

INTRODUCTION

「今、何をすべきだろうか。」
1940年6月、ドイツ軍の戦車がイギリス海峡沿岸に到達してフランスの征服が完了した時、ドイツ国防軍は海峡を横断してイギリスに侵攻する計画、あるいは準備をしていなかった。（NARA）

作戦の起源

1940年の夏の終わりころから秋にかけて、イギリス南部で激しい空軍同士の戦闘が繰り広げられた。この今日では「バトル・オブ・ブリテン」（The Battle of Britain）として知られている凄まじい空中での戦いとは、すなわちアドルフ・ヒトラー（Adolf Hitler）が1940年5月10日にフランスと北海沿岸の低地帯諸国への同時侵攻で開始した「西方戦役（Westfeldzug）」の終着点であり、クライマックスであった。ヒトラーは、5次にわたる無血での勝利＊1によってイギリスとフランスの平和的な国民と政治指導者に対して段階的に衝撃を与えるという一連の「花戦争（Blumenkriege）」において成功を収めた。そして、ヒトラーは建国20年のポーランドを本格的に侵略して第2次世界大戦を開始した。イギリスとフランスの両政府は、うわべだけの美辞麗句と価値のない合意にすぎないものを交わすことでそれまでの経緯を許してきたのであるが、ヒトラーがポーランドに侵攻した場合はドイツに対して宣戦を布告することを8月25日に誓約した。しかし、連合国は全くもって戦争の準備、とりわけ空軍の準備ができていなかった。ヒトラーは、躊躇することなく9月1日に「白作戦（Fall Weiß）」を開始した。そして、その3日後、ドイツは25年を経て再び西側民主主義国の2ヶ国との戦争状態となった。

＊1　5次にわたる無血での勝利とは、次のとおり。1936年3月のラインラント占領。1938年4月のオーストリア併合。1938年10月のスデーテンラントの占領とボヘミアーモラビアの残りの地域の占領。1939年3月のリトアニアのメーメル地方の併合。

ヒトラーが領土の獲得と占領を断固として続けた真の目的は、彼の過激な公約である『我が闘争（Mein Kampf）』の第2巻と権力掌握後の好戦的な言説で表明されていたように、ソビエト・ロシアの侵略とナチス・ドイツへの脅威とみられたボルシェビキ共産主義の排除であった。第1次世界大戦におけるドイツ皇帝の最悪の戦略的な失策である「2正面戦争（two-front-war）」を試みるという失敗を避けるため、ヒトラーは1939年8月23日にドイツとソ連でポーランドを分割するモロトフーリッペントロップ条約を調印することで巧みに、そして少なくとも一時的に、東からの脅威を和らげていた。両国の不可侵条約の誓約は、ヒトラーに彼の究極的な地政学的目標であるロシア侵攻に向けた準備の時間を与えただけでなく、好都合なことにソ連のヨシフ・スターリン（Josef Stalin）首相が西部での戦争に介入、あるいは参入するのを防ぐ効果的な予防策も提供した。

実際のところ、ドイツ国防軍（Wehrmatch）の指導部が総統（der Führer）の補佐を継続した主な理由は、ヒトラーが「２正面戦争」を戦わなければならないという懸念を効果的に取り除いていたからであった。しかしながら、連合国の性急かつ軽率で効果がないように見える宣戦布告は、ソビエト・ロシアに対峙し続ける前にフランスとイギリスを排除せねばならないことを決定づけた。その結果として、1939年10月9日、激しい爆撃で燃え尽きたワルシャワの残り火が消える前に、ヒトラーは配下の軍事指導者に対して「黄色作戦（Fall Gerb：フランス侵攻のための展開命令）」の計画を始めるように指示した。これは「ルクセンブルグ、ベルギーとオランダを突破して西部戦線の北側側面を攻撃」する先制的な攻勢作戦であった。

機械化された空軍と陸軍の協同作戦であるドイツ軍の革命的な「電撃戦（blitzkrieg）」によってフランスは征服され得たし、実際に征服された＊2。

1939年10月のワルシャワでのナチスの独裁者アドルフ・ヒトラーとドイツ陸軍総司令官ヴァルター・フォン・ブラウヒッチュ（Walther von Brauchitsch）上級大将（Generáloberst）。
共産ロシアの撲滅を追求し続けるために、ヒトラーは「この戦争からイギリスを排除」しなければならなかった。イギリスが妥協しなかったため、イギリス侵攻が唯一の解決策となった。
（Bundesarchiv, 183-2001-0706-501, Photographer Mensing）

その一方で、あらゆる戦前の計画においてドイツ陸軍と海軍の指導者は、ドイツ軍の申し分なく強力な「戦争マシン」にはイギリス諸島に対する水陸両用攻勢作戦を発起するための手段が完全に欠落していることを早々に認識していた。その結果として、1940年6月にドイツ軍の戦車がイギリス海峡沿岸に到達する以前の段階において、このような作戦は検討も計画もされていなかった。実際のところ、当時のドイツ国防軍のイギリス攻略のための戦略計画では、「貿易戦争（Handelskrieg）」と呼称された効果的なUボート（訳者注：ドイツ潜水艦）による経済封鎖と、イギリスの港湾、軍需産業、精油施設と貯油施設に対する戦略的な航空攻撃に期待が寄せられていたのである。このため、ヒトラーが発令した「戦争指令第6号」で示した目的は、黄色作戦の攻勢によって「オランダ、ベルギー及びフランス北部において可能な限り広範囲の占領地を勝ち取り、イギリスに対する航空及び海上作戦を成功裏に実行するための拠点として活用すること」であった。

＊2 本著者によるオスプレイ・シリーズの第264号と第265号（Fall Gelb 1940, Vols 1 and 2）を参照。

1935年6月に英独海軍協定を調印して以来、ドイツ海軍（Kriegsmarine）は野心的な、非常に高額で時間を要する主力艦の建造計画に専念してきた。その結果として、ヒトラーがポーランドに侵攻した時点において、海軍が保有する合計57隻の潜水艦のうち外洋航行可能なものはわずか27隻であった。決定的ではなかったが非常に効果的であった第1次世界大戦中のUボート作戦からの着想と、ドイツが主力艦においてイギリス海軍に対して劣勢であったことは、エーリッヒ・レーダー（Erich Reader）海軍元帥（Großadmiral）の考え方を変え、より安価で主力艦よりも早く建造できる潜水艦の増産を始めることとなった。しかしながら、1ヶ月に1隻という平時の建造率は、6月に大量の鉄鋼が届いて1ヶ月に4隻に率が高まるまで続いていた。戦争開始から9ヶ月の間にUボートは261隻の商船（総登録トン数で、ほぼ百万トン）を沈没させ、スカパ・フローでイギリスの戦艦ロイヤル・オークを撃沈したほか、対潜哨戒をしている傍で空母カレイジャスを沈めるといったイギリス海軍部隊に対する目覚ましい成功を収めていたものの、実際には「大西洋の戦い」(Battle of Atlantic) として知られるようになった戦いの初期の段階でドイツ海軍は敗北しようとしていた。ドイツ海軍は、1940年6月までの間に24隻のUボートを失っていたのである。補充の乗組員の訓練には9ヶ月を要したため、遅々とした建艦と時間のかかる訓練プログラムでは損失を埋め合わせることができなかった。その結果として、1940年6月の時点でドイツ海軍は、わずか15隻の外洋航行型と18隻の沿岸型のUボート、そして7隻の訓練用の潜水艦しか保有していなかった。建艦と乗組員の養成が損失を大差で上回るようになるまでレーダー海軍元帥は、効果的に経済を圧迫する潜水艦による封鎖を少なくとも更に1年に渡り実行し続けられるという見込みを、ほんのわずかしか持てなかった。

したがって、ドイツの最も新しい軍種である空軍のみが短期間のうちにイギリスとの戦争を効果的に遂行することができた。ワイマール共和国の「陸軍兵務局 (Truppenamt)」(陸軍兵務局は、ヴェルサイユ講和条約により設置が禁じられた陸軍参謀本部が担っていた業務を秘密裏に行うべく設立された組織) の小さな事務所として新設され、ソ連のリペツクでわずかな数の秘密の飛行部隊と訓練所を監督してきたドイツ空軍は、設立の段階から「戦略的航空作戦」を3つの戦闘任務のうちの1つとして採用していた。この画期的な役割をドイツ空軍に担わせることを計画する最初の機会は、ヒトラーがチェコスロバキアを支配下に置くために最初の好戦的な動きを採った1938年8月から9月に訪れた。ヒトラーの代理人かつ航空大臣 (Reichsluftminister) であり、ドイツ空軍最高司令官を自任していたヘルマン・ゲーリング (Hermann Göring) は、イギリスの強硬な反発、とりわけイギリス空軍 (RAF) の爆撃機軍団によるものを恐れており、間もなく第2「航空艦隊 (Luftlotte)」となる部隊の司令官であるヘルムート・フェルミー (Hellmuth Felmy) 空軍大将 (General der Flieger) に指揮下の部隊の潜在的な反撃力を評価するように指示した。

フェルミーの計画研究第38号は、「イギリスに対する殲滅戦争は、これまでに入手できた資源では不可能と思われる」と結論づけていた。なぜならば、ほとんどの産業上の攻撃目標は自軍隷下の中型爆撃機の航続距離よ

哨戒に出て行くUボート。フランスが降伏してイギリスのみがナチス・ドイツと戦うことになった時、ドイツ海軍は作戦可能な外洋航行型のUボートをわずか15隻しか保有しておらず、少なくとも1941年の春まではヒトラーとドイツ国防軍の計画立案者が思い描いた潜水艦による封鎖をするには戦力が不足していた。(NARA)

りも遠方にあったほか、近代的な飛行場の不足により爆撃機部隊はわずかばかりに制限されており、未だ援護戦闘機が確保できていなかったからである。フェルミーの結論は、「唯一の解決策は……イギリスに対して航空攻勢をかける前に低地諸国（オランダとベルギー）の飛行場を奪取すること」というものであった。

実際の計画策定は、翌年にヨーゼフ・シュミット（Josef Schmid）少佐の情報報告を得て開始された。飛行兵科ではないが野心的な将校であったシュミットは、1939年の初頭に3つの熱烈に楽観的な情報見積を策定したことにより＊3、ドイツ空軍総司令部（ObdL: Oberkommando der Luftwaffe）の指導者層で頭角を現していき、ゲーリングの側近となった。ロンドンのドイツ空軍武官からの情報や、国防軍最高司令部情報局（Abwehr）＊4の諜報網、ヴォルフガング・マティーニ（Wolfgang Martini）少将の電波傍受局のほか、ルフトハンザ（訳者注：ドイツ国営航空会社）の「航空路を設定するための試験」として飛行しているカメラを搭載したHe111C「郵便飛行機」を運用するテオドル・ローヴェル（Theodor Rowehl）大佐の秘密偵察写真部隊を使い、シュミットはデータを収集して理路整然と、ただし完全に正しいわけではないものの、暗号名「青色研究（Studie Blau）」の情報見積をまとめ上げた。

＊3 これらは青色研究（青：イギリス）、緑色研究（緑：ポーランド）と赤色研究（赤：フランス）を指す。
＊4 アプヴェーア（Abwehr）は、ドイツ国防軍最高司令部の情報局である国防軍最高司令部外交／防衛局であった。

1939年5月2日に事前報告が刊行され、ゲーリングと3人の航空艦隊司令官に送付された。シュミットは、イギリス空軍の戦闘機の戦力は1941年までにはドイツ戦闘機部隊（Jagdwaffe）に匹敵するものと見積もられると警鐘を鳴らしたが、その時点での「イギリスの防衛はロンドン周辺の地域以外を守るには不十分であり、このため他のイギリスの地域は攻撃に対して無防備になるだろう」とも言及していた。マティーニの組織によりシュミットとドイツ空軍の指揮官はイギリス空軍の新しい早期警戒レーダー網に気づいていたが、その能力あるいは潜在力を認識している者はおらず、これについてシュミットも報告書において言及しなかった。

フェルミーはシュミットの見積に異議を唱え、ドイツ空軍の新参謀総長ハンス・イェショネク（Hans Jeschonnek）少将と他の2つの航空艦隊の参謀長による視察を得て実施した5日間に渡る指揮所演習の成果である第2航空艦隊の研究計画第39号（Studieplan 39）を5月13日に発出して反論した。その中でフェルミーは、将来予想される1942年の装備品や戦力の構成をもってしても、イギリスの産業に対する長距離の戦略的な航空作戦の成功は疑わしいと何度も言及した。

イェショネクはドイツ空軍総司令部に戻り、自分の作戦参謀が両方の研究を評価し終わるや否や、5月20日に戦略的な航空作戦は不可能であると結論づけた最終評価を発表した。その理由は、「（イギリスの）西部と南部の港湾は第2航空艦隊の行動範囲以遠に所在している」ことに加え「さらに、敵の防衛の牙城であるロンドンへのテロ攻撃は、破滅的な効果はほとんどないであろうし、戦争の決着をつける大きな原因になることもほとんどない」からであった。このガイダンスと「青色研究」に示された攻撃目標リストをもって、1939年7月9日にドイツ空軍総司令部は、より近傍の基地あるいは航続距離が延伸した爆撃機を調達し次第、イギリスの軍需産業と補給処に対する航空攻撃計画の策定を開始するよう指示を発出した。

4ヶ月後、たえず厳しい天候のため何度も延期されてきた「黄色作戦」の攻撃により好ましい成果が得られるのを見越して、1939年11月29日、ヒトラーは彼の個人的な軍事参謀部すなわちドイツ国防軍最高司令部（OKW:Oberkommando der Wehrmacht）に、「陸軍は戦場でイギリスとフランスの連合軍を打ち破り、イギリスの対岸にある大陸沿岸部の区域を占領しなければならず、海軍と空軍の任務はイギリスの産業に対する戦争を最優先するものとする」として「敵の経済に対する戦争遂行を命令」する戦争指令第9号を発出させた。

✺年　表

CHRONOLOGY

❖1938年

9月22日　イギリス本土に対する実行可能な航空攻撃に関する初めてのドイツ空軍（第2航空軍団司令部）作戦参謀の検討が終了した。結論：「イギリスに対する航空攻撃を実行する前に（オランダとベルギーの）基地を奪取」。

❖1939年

5月22日　ドイツ空軍司令部の最初のイギリス本土に対する実行可能な航空攻撃に関する詳細な参謀研究である「青色研究」がゲーリングとドイツ空軍指導者層に説明され、その後の計画の基礎となる。

9月1日　ドイツがポーランドに侵攻し、第2次世界大戦が始まる。

9月3日　イギリスとフランスがドイツに宣戦布告する。

10月9日　ドイツ国防軍最高司令部が、ドイツ空軍とUボートがイギリスに対して攻撃するための占領地を獲得するため、ドイツ陸軍総司令部にフランス北部と低地諸国への侵攻計画の策定を開始するよう命じる「戦争指令第6号」を発出する。

11月　ドイツ陸軍総司令部とドイツ海軍総司令部が、イギリスに部隊を上陸させられるかどうかを探る検討を行い、双方とも否定的な結論に至る。

11月22日　ドイツ空軍情報局が、主に「青色研究」に基づいて、戦略的航空攻撃の目標選定のコンセプトである、イギリスに対する航空作戦の実行に関する提言を策定する。

11月29日　ドイツ国防軍最高司令部が、イギリス本土への爆撃に適したフランス北部、ベルギー、そしてオランダに所在する飛行場を占領し次第、ドイツ空軍にイギリスの港湾、補給処、石油及び食糧倉庫、そして工場に対する爆撃を許可する「戦争指令第9号、敵の経済に対する戦争の遂行」を発出する。

❖1940年

4月9日「西方演習（Weserübung）」作戦を開始し、デンマークとノルウェーを占領する。

5月10日　黄色作戦（Fall Gelb）を開始し、オランダ、ベルギー、そしてフランス北部を侵略する。

5月15日　オランダ軍が降伏する。

5月24日　ドイツ国防軍最高司令部が、「戦争指令第9号に記された原則に従い……十分な戦力が確保され次第、イギリス本土へ最大限の攻撃を行う」ことをドイツ空軍に認可するヒトラーの「戦争指令第13号」を発出する。

5月28日　ベルギー軍が降伏する。

6月22日　フランスがドイツとの休戦条約に署名する。

6月25日　ヒトラーがドイツ国防軍最高司令部の作戦参謀に「イギリス侵攻のための基礎検討」を立案するように指示する。

6月30日　ヒトラー／ドイツ国防軍最高司令部の指令第13号を履行するため、ゲーリングが第2、第3と第5航空艦隊司令官に、イギリスに対する攻勢作戦を実行させるドイツ空軍総司令部指示を発出する。

7月2日　ドイツ国防軍最高司令部長官ヴィルヘルム・カイテル（Wilhelm Keitel）上級大将が、陸海空軍に対して、イギリス侵攻のための海峡横断水陸両用作戦の所要戦力や実施時期を含めた基礎計画をドイツ国防軍最高司令部に提出するよう指示する。

7月2日～8月11日　「バトル・オブ・ブリテン」の準備段階で「イギリス海峡の戦い（Kanalkampf）」を、まずヒトラーの「戦争指令第9号」の指導のもとで実行した。

7月11日　ドイツ海軍総司令部参謀長のエーリッヒ・レーダー海軍元帥が、近い将来において、少なくとも「航空優勢を獲得」するまではイギリス海峡横断作戦の検討を断念させるためにヒトラーと会談する。ヒトラーは、何としても作戦の立案を継続することを決定する。

7月12日　ドイツ国防軍最高司令部のアルフレート・ヨードル（Alfred Jodl）作戦部長が、暫定的に「ライオン作戦」（Unternehmen Löwe）と呼称された海峡横断作戦の構想の概要を記した最初の覚書を公布する。

7月13日　ヒトラーがドイツ陸軍総司令部の首脳陣と会談し、海峡横断作戦のために陸軍が必要とする事項について説明を受ける。

7月16日　ドイツ国防軍最高司令部が、ヒトラーの指令第16号「イギリスに対する上陸作戦のための準備」を発出し、陸海空軍に詳細な計画立案上の要件と作戦構想（CONOPS）を準備するよう指示する。

7月18～21日　ゲーリングが指令第16号の実行について協議する最初の参謀会議を開催する。2日後にゲーリングはドイツ空軍の高級将校のために（フランスに対する）戦勝祝賀会を主催し、その翌日にイギリス艦隊と基地に対する攻撃について協議するために3人の航空艦隊司令官と会談する。

7月21日　「アシカ（Seelöwe）作戦」の計画立案のための最初の「合同会議（joint conference）」：ヒトラーは、ドイツ陸軍総司令官のヴァルター・フォン・ブラウヒッチュ陸軍元帥（同年7月19日に昇任）や、レーダー、イェショネクと会談する。ドイツ陸軍総司令部とドイツ海軍総司令部の提案に多大な相違が認められたことにより、ヒトラーは総合的な合同作戦構想を決定するため、7月29日から31日にかけて会議を開催するよう指示する。

7月24日～8月1日　ドイツ空軍総司令部と航空艦隊との間で「指揮官の評価」メモを取り交わし、航空軍団司令部が作戦目的と優先順位を取りまとめてイギリス空軍に対する攻撃的な攻勢対航空（OCA）の作戦構想を提案した。

8月1日　ドイツ国防軍最高司令部がヒトラーの戦争指令第17号「イギリスに対する空と海での戦争の実行」を発出し、ドイツ空軍に対して「イギリスを最終的に征服するために必要とされる条件（航空優勢）を確立するため、可能な限り短期間のうちに、指揮下にある全戦力をもってイギリス空軍を制圧する」ことを命じる。

8月2日　前日のハーグでの航空艦隊司令官と高級参謀将校との会談を受けて、ゲーリングは、イギリス空軍の軍事施設と航空産業に攻撃を集中し、イギリス海軍を2番目の優先順位とした「『鷲作戦』の準備と指示」を発出する。

8月6日　最後のドイツ空軍総司令部「作戦事前会議」：ドイツ空軍の準備は完了したが、悪天候のため大規模な作戦は5日間にわたり不可能となる。

8月12日　6ヶ所のイギリス空軍のレーダー局と3ヶ所の沿岸部にある戦闘機の基地に対する前哨的な爆撃で鷲攻撃（Adlerangriff）を開始する。

8月13日　鷲の日（Adlertag）としてドイツ空軍のイギリス空軍への攻勢対航空作戦を正式に開始する。

8月12～18日　鷲攻撃の第1段階：主としてイギリス空軍全般を攻撃し、副次的にイギリス海軍の施設と港湾を攻撃する。

8月16日　ドイツ国防軍最高司令部指令が、9月15日をアシカ作戦の「Aの日（A-Day）」として設定する。

8月24日～9月6日　鷲攻撃の第2段階：イギリス戦闘機軍団の第11飛行群の方面指揮所と戦闘機の飛行場を集中攻撃する。

8月24～25日　ロンドンを偶発的に夜間爆撃。

8月25～26日　イギリス空軍がベルリンに対する報復爆撃を試みる。

8月30日　ヒトラーが、イギリス空軍のベルリン爆撃の企てへの報復としてロンドン爆撃を承認する。最終的なアシカ作戦の計画がドイツ陸軍総司令部から発出される。

9月3日　ドイツ国防軍最高司令部の命令が、9月21日をＳの日（ドイツ版「D-Day」）としたアシカ作戦の日程表を決定する。

9月5～6日　ドイツ空軍が初めて意図的にロンドンを爆撃する。

9月6日　ドイツ空軍総司令部が議論し、戦闘機軍団を戦闘に引きずり出すことを期待してロンドンを攻撃することを第3段階の新しい戦術として決定する。

9月7～30日　鷲攻撃の第3段階：イギリス戦闘機軍団を戦闘機同士の戦闘での消耗戦に引き込むためにロンドンを集中攻撃する。

9月14日　ヒトラーがアシカ作戦の開始を9月17日に延期し、Ｓの日を9月26日に後送りする。

9月15日　イギリスで今や「バトル・オブ・ブリテンの日」として記憶されている、作戦のクライマックスとなる戦闘。

9月17日　航空優勢を獲得できず、ヒトラーはアシカ作戦を無期延期とする。実質的にはイギリスへの侵攻計画の中止であり、ドイツ空軍の敗北を示すものとなる。

9月30日　ドイツ空軍の最後の大規模なロンドンへの昼間攻撃。

10月29日　ドイツ空軍の最後のイギリスへの大規模な昼間爆撃作戦。

✳ 攻撃側の能力
ドイツ空軍

ATTACKER'S CAPABILITIES

すでに就航しているDLH（訳者注：ドイツ国営航空会社）の郵便飛行機の設計を取り入れたDo 17Eは、ドイツ空軍の最初の双発爆撃機となった。ただし、搭載燃料と爆弾搭載量が少なかったため、比較的に短距離の戦術的な任務に限定された。
（Private Collection）

ドクトリン：戦略攻撃と戦術支援

ヒトラーが1935年3月に公式にドイツ空軍の存在を明らかにした時、ドイツ空軍はワイマール共和国軍の陸軍兵務局防空事務所（Truppenamt Luftschutzreferat：略して TA ［L］）を隠れ蓑として約10年前から作り始められていた航空作戦のドクトリンとともに完成していた。この「空における戦争の作戦実行のための指示」と題して1926年5月に発表された文書は、新生ドイツ空軍の組織編成、攻撃目標選定の戦略、そして作戦上の特徴と戦時における役割を指し示すものとなった。重要な政府と産業上の拠点の防護に加えて、2つの主要な任務が想定されており、それぞれを陸軍と海軍の支援のために飛行する「戦術空軍」と、敵国本土の目標を破壊するために組織された「戦略空軍」が実行することとなっていた。

ヘルムート・ヴィルベーグ（Helmuth Wilberg）中佐と彼の3人の「航空参謀」が著した指令書は、「戦略空軍」は（イタリアの航空戦力の理論家であるジュリオ・ドゥーエ（Jiulio Douhet）によって世に広まった見解である）敵国民の士気を喪失させることや、敵の軍需産業、発電装置、輸送網や港湾施設に損害を与えることにより決定的な効果を持ちうるということを前提としていた。「戦略爆撃師団」は、ドイツ国内の基地からソ連のウラル山脈あるいは（例えばスカパ・フロウの海軍基地のような）イギリス北部のスコットランド沿岸まで到達可能な長距離重爆撃機のみならず、戦略偵察機や爆撃機の編隊が敵防空網を突破できるようにするための航続距離の長い重武装の複座型護衛戦闘機を装備することが想定された。各機種それぞれ持ち前の航続能力により、これらの部隊は開戦初期から敵国本土を攻撃できる能力を有する唯一の戦力と見做されていたが、さらには敵の輸送網、港湾や海軍基地を爆撃することによって陸軍と海軍の攻撃を支援することも可能であった。

1934年、今や少将となったヴィルベーグは、ドイツ空軍参謀総長のヴァルター・ヴェーファー（Walter Wever）中将からドイツ空軍の航空作戦ドクトリンを成文化するように命じられ、そのドクトリンは翌年にドイツ空軍運用規定第16号：航空戦教範あるいはLDv 16として刊行された。8年にわたるドイツ空軍の攻勢ドクトリンの進化のなかで、従前のドゥーエ信望者の見解は退けられ、「一般市民に恐怖を引き起こすことを目的とした都市部に対する攻撃は、原則として避けるべきである」とされた。その代わりに、刊行された航空戦教範はドイツ空軍の主たる任務を「敵戦力の源泉に対する攻撃」と指定していた。これには、軍需産業、食料生産、輸入施設、発電所、鉄道網、軍事施設、そして政府の行政の中心地が含まれていた。

航空機開発

この秘密にされていた組織形成の期間中、ドイツの軍用機開発はドイツ空軍のドクトリンの方針と密接に同時進行していた。ヴィルベーグの最初の論文と、いくつかのヴェルサイユ平和条約の航空機に関する部分を緩和した1926年5月の「パリ合意」による自由度の増加を利用して、ワイマール共和国軍の陸軍兵器局（Heereswaffenamt）のクルト・シュトゥデント（Kurt Student）大尉は、ドイツにまだ残っていた航空機製造業者を招聘し、4機種の軍用機の設計図を提出させることとなった。1930年から33年にかけてリペツクで行われた試験を経て、これらの航空機はアラド社のAr 64/65、ハインケル社のHe 51複葉戦闘機とHe 45/46陸軍偵察機、そして（He50複葉機を急降下爆撃機に直接転用した）ユンカース社のK 47「夜間戦闘偵察機」といったドイツ空軍の第1世代の軍用機となった。「長距離中高度偵察」機（当時の「大型夜間爆撃機」の歪曲的表現）、すなわち時

Do 19「ウラル爆撃機」は、ドイツの最初の長距離型4発エンジン爆撃機の試作機として1930年代半ばに開発された。その失敗は、ドイツ空軍が重爆撃機を手に入れるのを6年にわたり遅らせる結果となった。（NMUSAF）

1937年に撮影された飛行中のユンカースJu 89「ウラル爆撃機」V1試作機。Do 19よりは期待できたものの、その性能は依然として不十分であり、そのコストは高すぎるとみられた。2機の試作機は長距離輸送機に転換され、1940年のノルウェーでの作戦で使用された。
(Bundesarchive Blid 141-2409、Photographer unknown)

速133マイル（215km/h）（訳者注：一般的に航空機の速度で用いられる海里換算では239km/h）、高度16,500フィート（5,000m）を発揮する4発エンジンを装備した航空機という要求事項は、既存の技術では満たすことができず、どの製造業者からも提案書は提出されなかった。

第2世代航空機への要求事項は、ちょうど第1世代の軍用機が新編されたドイツ空軍の22個の飛行隊に配備され始めた1932年の夏に発出された。要求されたのは5機種、すなわち後にメッサーシュミットBf 109となる単座の「軽戦闘機」とBf110となる複座の「重戦闘機」、ユンカースJu87「スツーカ」となる「重急降下爆撃機」、He111となる戦術攻撃のための高速双発の中型爆撃機、そして戦略爆撃のための4発の重爆撃機であった。後者の要件としては、1,100kg（2,545ポンド）の爆弾を搭載して2,500km（1,553マイル）（ママ：前に同じく海里換算では1,389マイル）を飛行できる航空機とされたが、その後に1,600kg（2,425ポンド）の爆弾で2,000km（1,243マイル）（海里換算では1,111マイル）に見直された。

開発が最優先されたことにより、4年後には2種類の4発の長距離重爆撃機の試作機であるドルニエDo 19とユンカースJu89が試験用に納入された。1936年10月28日に初飛行したDo 19 V1試作機は、4基の715馬力のブラモ（Bramo）322 H2星型エンジンが搭載されていたが、何も搭載せず防御兵装もない状態で時速197マイル（315km/h）（海里換算では355km/h）の最高速度しか出せなかった。その2ヶ月後に飛行したJu 89 V1は、4基の1,075馬力のユモ（Jumo）211 A直列エンジンが搭載され、時速45マイル（72km/h）

（海里換算では81km/h）の増速（訳者注：Do 19 V1との比較）があったが、依然としてあまりにも低速すぎるとみられていた。両方の爆撃機とも9名の乗組員が搭乗し、機首と機尾に各々2丁の7.92㎜MG15機関銃と、機体の背部（訳者注：上部）と腹部（同：下部）の砲塔に各々2門の20㎜機関砲を装備するという同一の防御兵装を施していた。同時代に運用されたボーイングB-17A（と同機種以降の）の成功を成し遂げた出力増大用過給機がないため、いわゆる「ウラル爆撃機」は慢性的に出力不足であることが分かり、必要とされた要求諸元を満たすことはできなかった。

ヴェーファーは両方の設計に失望し、両機の初飛行前、すなわち彼が1936年6月に墜落死する直前に、「A爆撃機」と呼称されたものを新たに検討するよう命じた。このプロジェクトは、最終的には問題山積みのハインケルHe177重爆撃機として帰結した。He177は、1942年の半ばまでに作戦可能な状態にして、その翌年の4月1日までに（総生産数703機中の）500機が戦力化される計画であった。

行動半径が660マイル（1,065㎞）（海里換算では1,188㎞）であるHe111が登場すると、1937年4月29日、（ヴェーファーの後任である）アルベルト・ケッセルリンク（Albert Kesselring）中将は、ドイツは概ね同程度の爆弾搭載量（訳者注：の爆撃機）に2倍の資源、すなわち2倍となる数多くのエンジンと消費燃料、そして2.5倍のアルミニウムを費やす余裕はないと決心し、航続距離に劣る中型爆撃機を受け入れることにした。彼は、ドイツ国境あるいは戦線から最大500㎞（300マイル）（海里換算では278マイル）の航続距離があれば、戦略爆撃と戦術爆撃の両方を行い得ると結論づけたのであった。ケッセルリンクは、肥満体で虚栄心の強いドイツ空軍のリーダーであるヘルマン・ゲーリング上級大将から全面的な同意を得た。ゲーリングは、「総統（Der Führer）は、私に我々の爆撃機の大きさではなく、何機を保有しているのかを尋ねるだろう」と発言したと言われている。

エンジンが双発であるか4発であるかに拘らず、爆撃機はドイツ帝国空軍の編成を計画する上で中心を占めていた。1935年5月の45個飛行隊への拡大では、1935年10月1日までに27個の爆撃機の飛行隊（5個の補助爆撃機／輸送機の部隊を包含）、12個の偵察飛行隊（半数が陸軍直接支援用で、半数が

アルベルト・ケッセルリンク中将は、ドイツ空軍の経済的な現実に直面し、ドイツの限られた資源は、同じ量の爆弾を少数の4発爆撃機に搭載するよりもその2倍の機数の中型爆撃機に搭載するように活用した方がよいと決定せざるを得なかった。(NARA)

戦略任務に使用する長距離仕様）と6個の戦闘機の飛行隊（重戦闘機と軽戦闘機が各3個）とすることが目指された。600機からなる戦闘用の航空機が36ヶ所の十分に整備された航空基地に配備されるという、この先を見据えた段階の戦力の編成は依然として構想中であったが、これらの部隊の戦略上と戦術上の役割と、それぞれの任務はよく理解されていた。初期段階で作成中であった空軍のドクトリンのもとでは、高速の双発中型爆撃機が敵の支配地域を突破し、国境あるいは戦線から30〜300マイルの彼方にある目標を攻撃することが想定された。初期の爆撃技術には特有の誤差があったため、爆撃機は兵舎、部隊の集結地、軍用車両の駐車場、そして移動中の車列や徒歩部隊といった面積の広い目標に対して使用することが最適であり、敵の援軍が前線に到達するのを妨害することに全てを集中させていた。

より深く侵入し、爆撃機は鉄道の駅舎や操車場、燃料倉庫や備蓄された装備品、そして港湾施設を攻撃することで、前線へ向かう人員、装備、そして補給品の流れを止めようとしたのである。

戦略的であるか戦術的であるかに拘らず、その後の空と地上での作戦のために必要とされる最初のステップは、敵の空軍を排除するか、あるいは戦力を低下させて能力発揮できない状態にすることが、開発中の運用ドクトリンの基本であった。敵地上空で航空優勢を獲得するには、開戦時点での攻撃から連続して航空基地や補給処を攻撃することで地上という最も脆弱な場所で敵の航空機を叩くだけでなく、さらには開戦時の損失を補充しうる敵の航空機産業、特に航空機エンジン工場を攻撃する必要があった。これは今日では「攻勢対航空（OCA）」作戦として知られており、その後の6年以内にヒトラーがヨーロッパ諸国に対して始めた8つの侵略の全てにおける、ドイツ空軍の標準的な緒戦時の活動となった。

能力、役割及び任務

ドイツ空軍の存在が明らかにされたとき、萌芽期の航空戦力は扱いづらくて能力不足の双発爆撃機ドルニエDo 11/23の6個飛行隊と3発爆撃／輸送機ユンカースJu 52/3の7個飛行隊であったが、これらは全て2機種の近代的な双発爆撃機に換装されることが計画されていた。1937年2月、新たに目的に合うよう設計された双発中型爆撃機He 111Bと双発の郵便飛行機

ハインケル He111 は、目的に合うように設計されたドイツ空軍初の近代的な双発中型爆撃機であった。機首の下側に取り付けられた「ポッド」には効果のない爆撃照準器Lofte 7が内蔵され、爆弾が縦方向に装填されており、胴体内の「ゴミ箱」に入っている雷管が作動しないように機首を上げている。
（Bundesarchiv Bild 183-C0214-0007.013；Photographer unknown）

急降下爆撃を用いて従来よりも正確に攻撃できるようになった新型機Ju 87A「スツーカ」は、「許容された」(すなわち航空優勢が獲得された)環境下で、効果的に戦術的な近接航空支援を行う航空機となった。(NMUSAF)

を兼ねた軽爆撃機Do 17Eの最初の飛行隊がドイツ空軍の爆撃機部隊に加わり、ついに念願の戦力拡張を開始できるようになる。

1933年の拡張計画は、はなはだしく過度に楽観的であり、参謀研究はドイツの航空産業すなわち当初の機体製造4社とエンジン製造4社では2年半で600機の新たな軍用機を製造することは期待できないと早々に結論づけた。さらに悪いことには、ヒトラーとゲーリングそしてナチスが権力を握ったとき(1933年2月3日)から10ヶ月後、彼らはドイツ空軍を拡張して2,000機にまで増大するよう命じたのである。幸いにも、その目標を達成するのに役立つであろう1つの民間航空会社との契約が既に結ばれていた。1932年、軍用航空機だけでなく全ての民間航空機の開発も管理していた陸軍兵器事務局(Heereswaffenamt)は、高速の郵便用飛行機と6名搭乗の高級輸送機の仕様書をドイツ国営航空会社(DLH：Deutsche Luft Hansa A.G.)に、軽貨物輸送機の仕様書をドイツ国営鉄道会社(Deutsche Reichsbahn-Gesellschaft)に提出した。その年の8月に設計作業が開始され、翌年の3月22日、ゲーリングを補佐していた元ドイツ国営会社取締役のエアハルト・ミルヒ(Erhard Milch)は、最初の公務の1つとして試作機の製造を認可した。それまでの第1次世界大戦とドイツ国営航空会社での経験から、ミルヒは試作機の契約の段階でDo 17郵便飛行機が高速の双発軽爆撃機になり得ることを十分に認識しており、「民間型であっても迅速に軍用に転換できる能力を持たねばならない」ということを仕様書に含めていた。2基の750馬力のBMV Ⅵ直列エンジンを動力としたことで、Do 17Eはわずか2発の250kg（550ポンド）爆弾か8発の50kg（220ポンド）（ママ：訳者注110ポンド）爆弾しか搭載できなかった。しかし、その速度は時速220マイル（355km/h）（海里換算では396km/h）であり、同時代のイギリスとフランスの戦闘機よりも時速で15マイル（24km/h）（海里換算では27km/h）も高速であった。試作機の最終型は、末尾に「Z」が添えられるにふさわしく、1000馬力のBramo Fafnir 323P星型エンジンを装備することで能力が向上され、1000kg（2,205ポンド）の爆弾を搭載できるようになった。より小さな攻撃目標に対する今までよりも高い精度を誇る低高度での水平爆撃の専用機として、Do 17Zは主として短距離の「戦場航空阻止」と飛行場への攻撃に使用された。1940年7月までに、ドルニエは8個の「爆撃機の飛行隊」（Kampfgruppen）に配備されたが、これらの老朽機と見なされていた航空機は新型の第3世代Ju 88A「驚異の爆撃機（Wonderbomber）」への換装が予定されていた。

ほぼ同時期に部隊配備されたのが、目的に合うように設計された双発中型爆撃機He 111であった。より敵地の奥深くでの航空阻止（鉄道、港湾、その他の兵站上の隘路）だけでなく戦略爆撃もできるように、最終型のHe 111H/P（末尾は搭載されたエンジンの形式を表現）は4,410ポンド（2,000kg）の爆弾を搭載可能であり、有効な戦闘行動半径は300マイル（483km）（海里換算では540km）であった。この距離は、爆弾の搭載量をわずか1,100ポンド（500kg）と少なくすることで、400マイル（645km）（海里換算では720km）に延伸させることができた。いずれにせよ、He 111は機体の背中側と下

ドイツ空軍の第3世代の中型爆撃機は、ユンカースJu88Aであった。この機種は、双発爆撃機の爆弾搭載量と急降下爆撃の精度を効果的に兼ね備えていた。
（IWM MH 7517）

面腹部、そして機首の3ヶ所に旋回式7.92mmラインメタルMG15機関銃を装備しているのみあり、防御が脆弱であったために戦闘機の護衛を必要としたが、この距離は如何なる援護戦闘機の行動範囲をも遥かに越えていた。イギリス空軍の戦闘機から受けた損失により、すぐに追加の兵器が（どちらかというと不適切な位置に）装備されることになったが、唯一の現実的な防御手段は効果的な戦闘機による護衛であった。1940年7月の時点で、ハインケルはドイツ空軍の標準的な中型爆撃機であり、バトル・オブ・ブリテンのためにイギリス海峡沿岸部に集結した33個の爆撃機の飛行隊のうち15個の飛行隊に配備されていた。

通常は、対空（AA）砲火に晒されることを少なくするため、He 111は高度4,000m（13,123フィート）から爆撃を行った。しかしながら、この高度からではツァイス垂直望遠鏡3（Zeiss Lotfernrohr 3）の爆撃照準器で正確な爆撃を行うことはできなかった。事実、ドルニエとハインケルの両方とも、1937年のテストで爆撃照準手が攻撃目標を中心とした半径200m（660フィート）以内に投下できた爆弾は全体のわずか2パーセントに過ぎなかった。中高度帯からの爆撃の精度が低かったことは、直接的にドイツ空軍が急降下爆撃に取り憑かれることへと結びついた。特に、これは貯蔵施設、橋梁、砲座、戦場の指揮所、そして通信所といった小型目標に対するピンポイント攻撃で顕著に現れた。第1世代の急降下爆撃機であるHe 50複葉機の試験での成功に引き続き、ドイツ空軍は、主力となる戦術支援機として大型で頑丈なJu 87「スツーカ」（「急降下爆撃機」（Sturzkampfflugzeug）の短縮形）を発注した。この機種は、重量が重い車輪カバー付きの固定脚のために速度が遅く、防御能力も機体後方の旋回式MG15機関銃が1丁と低かったため、多大な損害を受けることなく役割を果たすためには、その行動が許容される環境すなわち航空優勢が必要とされた。

両方の爆撃方式の最も優れた特性を一体化させたのは、1936年12月に試作機が初飛行した、急降下爆撃能力を持った高速の双発中型爆撃機である新型の第3世代機のJu 88であった。2基の1,200馬力のJumo 211b直列エンジンが搭載されたJu 88Aは、5,291ポンド（2,400kg）の爆弾を搭載して782マイル（1,260km）（海里換算では1,408km）の距離を飛行することができ、有

戦闘機編隊

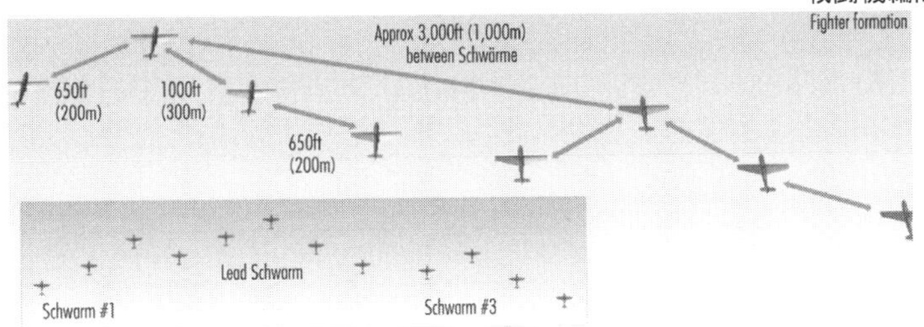

戦闘機と爆撃機の混合編隊

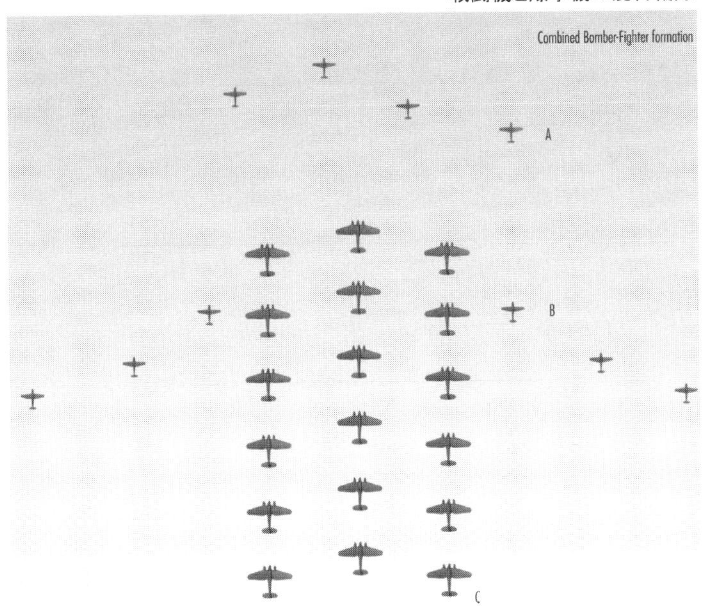

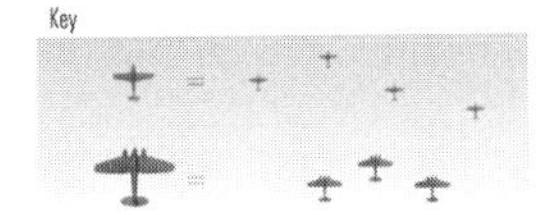

A. 1個の「戦闘機掃討」(freie Jagd)の編隊が爆撃機の編隊に先行する。通常は、戦闘航空団(Jagdgeschwader)の司令と彼の「参謀」(Geschwaderstab)が飛行して先導する。
B. この他に2個の戦闘飛行隊(Jagdgruppen)が、爆撃機の編隊に並んで飛行して側面を防御することで「戦闘機防護」(Jagdschutz)あるいは近接での護衛を行う。
C. 爆撃航空団(Kampfgeschwader)の爆撃機編隊

◎27頁の図　ドイツ空軍の戦闘隊形

標準的なドイツ空軍の戦闘機の編隊は、ペアとなる2機の戦闘機（ロッテ：Rotte）の2組が1個編隊として行動する4機編成のシュヴァルム（Schwarm）であった。2機の（側方に位置する）僚機は、それぞれのロッテ編隊長から約200mの側方の少し後ろに並んで飛行し、第2ロッテの編隊長はシュヴァルム編隊長（「4機編隊長」）から約300mの側方の後ろに並んで飛行した。両方のロッテ編隊長は敵機との交戦時に無線で連携して戦うことができ、それぞれの僚機（「ウイングマン」）は各編隊長の後方を防護した。

通常は９機で（これに1から3機の予備機を加えて）編成される戦闘飛行隊（Jagdstaffel）は、2個のシュヴァルムを発進させたが、しばしば飛行隊本部の「参謀編隊」（Stabsschwarm）によって増強され、12機の戦闘機からなる3個のシュヴァルムが、挿絵で示しているように近接した横並びの隊形（line abreast）で飛行して「戦闘機掃討」（freie Jagd）することもあった。

効な戦闘行動半径は360マイルであった。Ju 88は（18,050フィート／5,500mを搭載物なしで飛行して）時速280マイル（450km/h）（海里換算では504km）の最高速度を実証したが、「高速爆撃機」（Schnellbomber）の通常の巡航速度は時速217～230マイルであり、胴体の背中側にある２丁と腹側にある1丁のMG15機関銃で防御されていた。この機種は、当初、第30爆撃航空団の第Ｉ飛行隊に配備された。この部隊は、1939年9月26日に初の任務飛行を行った対船舶攻撃を専門とする部隊であった。翌年の7月まで全面的な搭載機器の見直しが続けられ、3個の爆撃飛行隊（第77爆撃航空団）がドイツ本国で新型機への換装を進めている一方で、10個のJu 88飛行隊がイギ

メッサーシュミットの「重戦闘機」（heavy fighter）Bf 110C駆逐機（Zerstörer）は、敵地の奥深くに対する爆撃任務に際しての爆撃機の護衛を目的とされていた。しかしながら、誰も防空戦闘機と交戦した場合の結果については考慮していなかった。（NMUSAF）

単座の「前線戦闘機」(frontal fighter)の傑作機であるメッサーシュミットBf 109Bは、前線から敵の領域内30マイル以上までの航空優勢を獲得するために設計されており、第3帝国の枢要な産業の中枢の防空を行った。(NMUSAF)

リス海峡沿岸部の前線に配備された。

ドイツ空軍の運用ドクトリンでは、爆撃機を攻撃目標に到達させるためには戦闘機の護衛が必要とされるということを基本としていた。この要求事項は、1936年5月12日に初飛行した長距離重戦闘機メッサーシュミットBf 110「戦闘駆逐機」(Kampfzerstorer)の誕生に帰結した。胴体が細く、高速で、双発かつ複座の駆逐機(Zerstörer)は、機首に2門の20mm機関砲と4丁の7.92mm機関銃を集中して装備しており、爆撃機に先行して進行方向の前方で敵の迎撃機を掃討するだけでなく、He 111やDo 17を近接して護衛することが狙いとされた。高く評価されることがなかったのは、「駆逐機」の対抗機である主として小型で軽量の迎撃機が、戦闘に入るやいなや決定的な操縦性能上の利点を発揮したためであった。

戦闘機の護衛に関するドクトリン上の要求事項は十分に受け入れられており、ドイツ空軍の当初の調達計画と軍備計画は、戦闘機部隊の半数を重戦闘機とすることを目指していた。しかしながら、Bf 110の開発は停滞し、この間にBf 109は迅速に4度の改修を重ねて素晴らしいBf 109E「エミール(訳者注:Eのドイツでの通称)」へと至った。ヒトラーがポーランド侵攻により第2次世界大戦を始めた時、ドイツ空軍の戦力組成上、10個の「駆逐飛行隊」(Zerstörergruppen)のうち7個飛行隊は暫定的な装備として実際にBf 109Dが配備されていた。

駆逐機(Zerstörer)の想定される敵機は、1935年5月28日に初飛行したドイツ空軍自身の防御のための「軽戦闘機」であるメッサーシュミットBf 109と相違はなかった。流線型で高速であり、単座のBf 109は、急上昇して爆撃機を迎撃できるように設計され、当初は2丁の7.92mm MG17機関銃を、後期には4丁のMG17または2丁のMG17と２門の20mm MG FF機関砲を装備していた。戦闘機の本来の機動性の一部をある程度犠牲にしながらBf109が高性能を発揮できたことは、パイロットが自由に行動することで、格闘戦で敵機の裏をかくようなことをすることなく、素早く攻撃して苦もなく離脱できていたことを意味していた。Bf 109は、1918年のフォッカーD.VIIの重責を引き継ぐような前線の防衛用の戦闘機、そして局地防衛用の迎撃機として計画され、ドクトリンとしては前線から敵の領域への概ね50km（30マイル）（海里換算では28マイル）の航空優勢を獲得するだけでなく、ドイツ国内の重要な政経中枢を防衛することが狙いとされていた。その結果として、投棄可能な外装式燃料タンクの使用によって同型機の限定的な航続距離と時間を延伸させるということは、イギリス本土の上空での戦闘に投入した後でしかドイツ空軍首脳部には思いつかなかった。Bf 109E-7は、300リットル（66イギリス・ガロン）の合板製「落下式タンク」を装備することで戦闘行動半径を倍増させたが、これは8月にようやく前線部隊（第2教導航空団第Ｉ飛行隊(戦闘機)）への配備が開始され、この部隊は9月末まで作戦を遂行できる状態になかった。旧式機に適合させるための改修は10月まで開始されておらず、これは作戦終了後のことであった。

最後に、ドイツ空軍の偵察部隊に関して言及する必要がある。それは、不十分の一言である。ドイツ軍は17個の「偵察飛行隊」(Aufklärungsstaffeln)をもってヒトラーの西方戦役を開始し、そのうちの4個の飛行隊がベルリンとオラニエブルクの飛行場を拠点とするドイツ空軍総司令部付の偵察飛行群（Aufklärungsgruppe ObdL）に編入され、5個目となる飛行隊（第124偵察飛行隊第Ｉ飛行班）はベルリンのテンペルホーフで新型のDo 215に換装中であった。このほかに2個の飛行隊は、北海とイギリス北部を偵察するため、ノルウェーに配備されていた。残りの10個飛行隊は、バトル・オブ・ブリテンの作戦期間中に全ての機種を合わせて166機の偵察機を喪失するという大損害を被っており、この間は常に半数が部隊の再編成や補充の搭乗員の訓練のために作戦から離脱させられていた。これら以外の残りの部隊には、二重の要求事項が課されていた。ひとつは、イギリス空軍の飛行場と他の攻勢対航空（OCA）での攻撃目標の写真撮影であり、もうひとつは、イギリス海峡横断作戦を支援するためのイギリス南部の沿岸防衛、上陸候補地、そして鉄道網を把握するための写真偵察任務であり、これらを同時に行うことが求められた。その結果として、イギリス南部で戦うことになった2つの「航空艦隊」の司令官に対して最新の情報を提供するための偵察任務としての出撃回数が限定的な数となったのである。

指揮官

アドルフ・ヒトラーは、権力を得てドイツ政府を個人的にも政治的にも支配し始めてから2年後の1935年2月26日、極秘命令に署名した。それは、陸軍と海軍から分離、独立した、つまり対等な立場の第3の軍種として空軍（かつての帝国空軍(Reichsluftwaffe)）を設立することを承認するものであった。この命令において、ヒトラーはヘルマン・ヴィルヘルム・ゲーリング（Hermann Wilhelm Göring）をドイツ空軍の最高司令官に任命した。そうすることで、ヒトラーは1933年から存在していた事実上の指揮体系を裁可したに過ぎなかった。この当時、ドイツ国防軍の最高司令官と国防大臣であり、ナチスの支持者でもあったヴェルナー・フォン・ブロンベルク（Werner von Blomberg）陸軍元帥は、今や「防空局」（LS-amt）事務所に整理統合されたが、かなり散在していた秘密の軍事的な航空活動の国家の監理権を、1933年5月15日にワイマール共和国軍（Reichswehr）の参謀からゲーリングのドイツ航空省（Reichsluftfahrtministerium）に移管していたのである。

この時に防空局はエバーハルト・ボーンシュタット（Eberhardt Bohnstedt）大佐が率いていたが、ブロンベルクによれば「自分の参謀勤務の中で見られた最も愚かな集団」であった。1933年9月1日、ボーンシュタットの後任に元訓練部長の

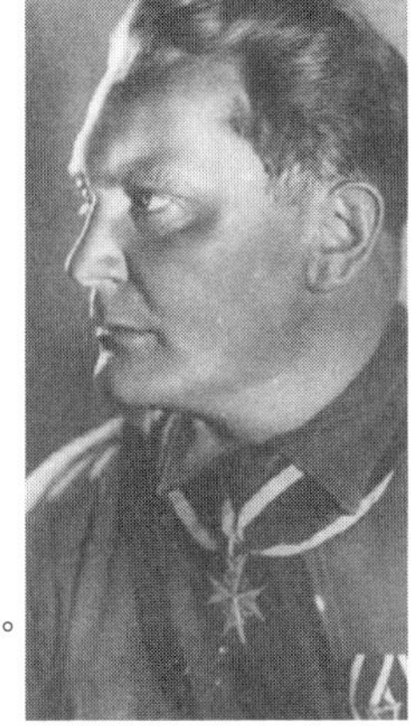

プール・ル・メリット勲章をつけした1932年8月のヘルマン・ゲーリング。(NARA)

ヴァルター・ヴェーファー（Walther　Wever）大佐があてられた。彼は、「具体化」した新たな空軍に移籍した
182人の陸軍将校の１人であった。その前日、ヴェーファー以上の軍事的な権威をゲーリングに与えるため、ブロンベルクはゲーリングを歩兵大将（General der Infanterie）として現役将校に復帰させた。

よく知られているように、第1次世界大戦においてゲーリングは戦闘機のパイロットであった。1983年にバイエルンの外交官と小作農民であった妻との間に生まれた彼は、ベルリンのリヒターフェルデ（Lichterfelde）士官学校に入校し、1912年にドイツ帝国陸軍の皇太子ヴィルムヘルム連隊（第112歩兵連隊）に赴任した。数ヶ月に及ぶ塹壕戦で湿気にさらされたことによる過酷なリウマチの発作を経て、1916年に王族とのコネクションを通じて彼は第25戦場飛行部隊（Feldflieger Abteilung 25 あるいはFFA25）へと異動し、当初は戦友のブルーノ・ローザー（Bruno Loerzer）少尉の観測員として、皇太子殿下の第5陸軍のための偵察飛行任務に従事した。戦闘機パイロットとしての栄光に魅了されて、彼は飛行訓練を修了し、ついに1917年2月にはローザーが率いる第26戦闘飛行隊（一般的に「Jasta」と短縮）に配属された。次の年の間に彼は優秀な戦闘機パイロットとなり、第27飛行隊の隊長となって、公式には22機という撃墜数を記録した。

コネクションの活用が巧みであったゲーリングは、謎に包まれた、時として冷酷な生まれついての政治家であった。フォン・リヒトホーフェン男爵（Baron　von　Richthofen）の後任であったヴィルヘルム・ラインハルト（Wilhelm　Reinhard）が、1918年7月に革新的な試作機であった全金属製の単葉機であるドルニエD. I. の飛行試験中に死亡した時、ゲーリング中尉は非常に有名かつ人気のあった「リヒトホーフェン飛行サーカス」である第1戦闘航空団の次の、そして最後の指揮官に任命された。有名な飛行隊の大尉（Rittmeister）の戦隊ステッキ（geschwaderstok）（文字どおり「航空団のステッキ(wing　stick)」であり、部隊指揮官の指揮棒の役割を果たした節くれだったステッキ）を継承したゲーリングは、部隊の隊員たちから評価されておらず、ある者は次のように述べている。

リヒトホーフェンは皇帝と祖国のために空を飛んで戦った。それは

> 勲章のためではなく、義務感からであった。ゲーリングは、彼の野心が満たされるまでは戦った。彼はプール・ル・メリット勲章を受けており、「飛行部隊」（Fliegertruppe）の中で最も有名な部隊の指揮官であった……その後、彼は地上から指揮棒で航空団（Geschwader）を率いた。

1922年2月3日のスウェーデンのカリン・フォン・カンツォウ（Carin von Kantzow）伯爵夫人との婚姻により富裕な貴族階級となり、第1次世界大戦後にゲーリングは、政治学を学ぶためにミュンヘンへと引っ越す前に少しばかりの曲芸飛行の地方巡業を行った。ミュンヘンで間もなく彼はアドルフ・ヒトラーと出会い、魅了され、その翌年にはNSDAP（「国家社会主義ドイツ労働者党」、一般的な呼称は「ナチス」）に入党した。ゲーリングは彼自身がナチの政治家となり、1928年にドイツ議会（Reichstag）に選出され、プロイセンの内務大臣となり州警察を支配する立場を得た。ヒトラーが政権を獲得した時、ドイツの新しい「首相」（Kanzler）は、ゲーリングを「無任所」の大臣として閣僚に任命した。

ヒトラーがゲーリングを航空大臣にするとすぐに彼は、ほぼ彼自身の権力と影響力を増強するための基盤として、ドイツ空軍の成長と拡大を監督した。ヒトラーが第２次世界大戦を開始するまで、彼は人事異動と航空機の製造に関する指揮権のみを行使していた。ゲーリングは、確かにエア・パワーの専門家ではなかった。彼は、1922年以降は航空機を操縦しておらず、航空作戦の知識も経験も持ち合わせていなかった。また、少なくとも「彼の空軍」の戦時中の活動が自分の威信を危険に晒すまで、ドクトリンや技術開発、そして戦闘任務を各専門家に放任していた。

「イギリスに対する航空戦」（Luftschlacht um England）の間におけるゲーリングの直近の2人の部下は、非常に異なる経歴と性格の持ち主であった。1人目は、もう1人のバイエルン人のアルベルト・コンラート・ケッセルリンク（Albert Konrad Kesselring）である。彼は、明らかに中産階級の出身であり、1904年7月に19歳で少尉見習いの候補生として陸軍に入った。その翌年にミュンヘンの軍事学校（Kriegsschule）に行った後、ケッセルリンクは再び原隊の第2バイエルン野砲連隊（Bayerische

騎士十字章（Ritter-kreuz）をつけた1940年のアルベルト・ケッセルリンク空軍大将
（Bundesarchiv Bild 183-R93434；Photographer unknown）

Fussartillerie Regiment Nr.2）に配属され、1906年3月8日に少尉に任命された。その2年後、彼は18ヶ月間「砲兵と工兵の課程」（Artillerie und Ingenieurschule）に入校し、1912年6月に砲兵気球観測員としての訓練を受けた。第1次世界大戦の開戦時に彼は大隊長の副官であり、行政上と作戦上の事項を巧みに管理する手腕を発揮しながら、着実に昇任していった。そして、参謀将校として軍事大学（Kriegsacademie）を卒業した後、「第3王立バイエルン陸軍軍団」（the Ⅲ. Königlichen Bayerischen Armee Korps）の参謀をしていた時に戦争を終えた。

戦後に彼は砲兵中隊を指揮し、その後1933年に大佐として参謀勤務をする前に砲兵大隊を指揮した。有能な行政官であり辣腕の指揮官でもあったケッセルリンクは、彼の上官に「効率向上の専門家」（efficiency expert）との印象を与えた。その結果、1933年10月に彼は秘密にされていた帝国空軍に転属した才能ある士官の1人となり、行政部の部長となった。48歳の時に彼は飛行機の操縦を学び、ゲーリングが新ドイツ空軍の権力と名声を増大させていたころの1936年4月に中将（Generalleutnant）へと昇任した。ヴェーファーの死から3ヶ月後、ゲーリングはケッセルリンクを「空軍司令部局」（Luftkommandoamt）の局長（実質的にドイツ空軍の参謀長）に選んだ。

がっしりとした体格で、感じの良い気質が快活な自信を醸し出している禿頭の男であるケッセルリンクは、制御できないほど拡大しようとしていた新たな軍種を組織化するために熱心に取り組んだが、間もなく彼は自分自身がゲーリング一派の「権力政治」に巻き込まれていることに気づいた。それは、彼の次席であり自分のために仕事をしたい冷酷で野心的なエアハルト・ミルヒ（Erhard Milch）の処遇を試みた時に顕著であった。職場における政治的陰謀のために、間もなくケッセルリンクは「戦場への」復帰を望んでいることを自覚し、わずか9ヶ月のオフィス勤務の後に彼は空軍大将に昇任して「第3管区航空軍団」(Luftkrieskommando Ⅲ)の司令官となった。その後に彼は第1空軍司令部(Luftwaffengruppebnkommando 1)を経て1939年4月に「第1航空艦隊」の司令官となり、その年9月のポーランド侵攻で指揮を執った。

「黄色作戦」におけるドイツ空軍の空挺作戦計画を運搬していた国際航空輸送機が誤ってベルギーに着陸するという不名誉な「メヘレン事件」(Mechelin(ママ) Incident)によりフェルミーが解任された時、ケッセルリンクは第2航空艦隊の司令官に就任して再び効率的に指揮を執り、オランダとベルギーに侵攻している時にあって卓越した功績を挙げて、ヒトラーの西方戦役の最終的な成功に貢献していた。

ケッセルリンクが和やかな態度やちらりと温かな微笑みを見せていた一方で、第3航空艦隊司令官は無愛想な性格で有名であった。1885年に生まれたフーゴ・オットー・シュペルレ(Hugo Otto Sperrle)は、ヴュルテンベルク醸造所の息子で、18歳で陸軍に入り第126「バーデンのフリードリヒ大公」(Großherzog Friedrich von Baden)歩兵連隊の少尉となった。シュペルレもまた気球観測員として訓練を受けたが、飛行機がその役割の多くを引き継ぐにつれて拡張している「陸軍航空部隊」(Luftstreitkrafte)に難なく異動し、まずは第4野戦飛行部隊の観測員となり、後に第42野戦飛行部隊を指揮した。パイロットになろうとしていたシュペルレは、1916年2月の墜落事故で重傷を負い、長期の回復期間の後に、観測員学校の校長を経て前線の最南端にあるアルザス(Alsace)を担任する第7軍の「航空部隊指揮官」(Kommandeyr der Flieger)に任命された。

騎士鉄十字章をつけた1940年、フーゴ・シュペルレ空軍元帥。(NARA)

戦後にシュペルレはドイツ義勇軍(Friekorps)(第1次世界大戦後のドイツで共産主義の蜂起に対抗して戦った右翼の自警団的な民兵組織)に従事した。そして、「ドイツ航空輸送会社」(Deutsche Luftreederei)を運営し、大戦中に主としてベルリンとヴァイマルの間で地上攻撃/観測を行った航空機であるAEG J.IIとLVG

C. VIを飛行させている、いくつかの小規模な政府の郵便／陸軍輸送部隊を指揮した。1920年代半ばに彼はソ連のリペツクにあった秘密の訓練センターの観測員学校の校長を務めた後、1927年にウィルバーグの陸軍部隊防空事務所（TA(L)）の作戦事務所に配置された。

片眼鏡越しで刺すように目を細めた近寄りがたいほどの大きな「熊のような男」であったシュペルレは、「才気あふれるというよりも手腕に長けた士官」であるとみなされ、その機転と飾り気のなさのため彼は18ヶ月以内に歩兵大隊長へと「昇任」した。この「苦行」から戻ることで、シュペルレは今や軍が必要としていた航空戦力を供給しているドイツ帝国空軍の専門家としての信用性を備えていた。ナチスの荒々しい拡張に拍車がかかった1933年から1935年の間、彼は1934年にベルリンで創設された新たなドイツ空軍の戦術軍団である第1飛行師団の指揮官に選ばれた。

その2年半後にヒトラーがスペインのフランコ総司令官による民族主義的反乱を航空戦力で支援すると決定した時、シュペルレはコンドル軍団の最初の指揮官として選抜された。この軍団は、120機の航空機と5,000人の兵員、1,500台の車両、5個の高射砲（AA）中隊と9両編成の「兵営列車」で編成された、単独で機動できる自己完結した部隊であった。シュペルレの軍団は、それぞれ4個の飛行隊を擁する爆撃機と戦闘機の飛行群と、これらを支援する各1個の偵察飛行隊と洋上哨戒飛行隊で編成され、当初は「第1世代」の航空機であるHe 51とJu 52/3m、そしてハインケル観測機と水上機を運用していた。これらは共和国軍を支援しているソ連の戦闘機と爆撃機よりも遥かに劣っていることが直ぐに判明したため、彼は直ちにJu87「スツーカ」を含むドイツ空軍の「第2世代」軍用機の初期型を受領した。

1937年10月にドイツに帰国すると、その翌月にシュペルレは空軍大将に昇任し、それから6ヶ月の後、ミュンヘンを母基地とする第３航空軍団司令部（Luftwaffengruppenkommando 3）の指揮を任された。この部隊が、後の第３航空艦隊となる。翌年の間、彼の軍団はオーストリアの「併合」（Anschluß）とチェコスロバキアの征服に加わり、活発な航空戦力のデモンストレーションを行った。1939年9月のポーランド侵攻の間、爆撃機の航空団が2個と戦闘機の飛行群が8個（合計579機）となるまでに彼の軍団は縮小され、フランスから本格的な軍事的対応がある場合に備えた予備兵力として残された。しかしながら、その直後に第3航空艦隊には、それぞれ爆撃機と戦闘機の各7個飛行隊（588機の爆撃機と509機の戦闘機）を擁する3個の「飛行師団」（Fliegerkorps）（飛行師団（Fliegerdivision）の拡張版）に加えて、1個の「スツーカ戦隊」（Stukageschwader）（103機のJu 87）が増強された。これは、ヒトラーの西方戦役のためであった。1940年7月までに、今や元帥（Generalfeldmarschall）へと昇進したシュペルレは、野蛮で、雄牛のような容姿であり、機転が利かずテーブル・マナーも粗野であったにもかかわらず、ドイツ空軍で最も経験豊富な航空作戦家（air campaigner）となっていたのである。

1940年8月におけるドイツ空軍戦力組成（OB）

■大ドイツ帝国の国家元帥

（Reichsmarschall des Grossdeutschen Reiches）

ヘルマン・ゲーリング

（Herman Göring）

（注釈：数値は1940年8月13日時点で運用できる／任務に耐えうる航空機の機数）

・ドイツ空軍総司令部付偵察飛行隊
47／28（各種）

■第２航空艦隊

司令部：ブリュッセル、ベルギー
アルベルト・ケッセルリング元帥
（Albert Kesselring）

・第122偵察飛行隊／第2偵察飛行班
10／8　Ju 88／He 111

・第122偵察飛行隊／第4偵察飛行班
10／8　Ju 88／He 111

■第Ⅰ航空軍団（Fliegerkorps）

司令部：コンピエーニュ、フランス
ウルリッヒ・グラウエルト上級大将
（Ulrich Grauert）

・第１爆撃航空団（KG 1）
　第Ⅰ飛行隊　27／23　He 111H
　第Ⅱ飛行隊　35／33　He 111H
　第Ⅲ飛行隊　32／15　He 111H

・第76爆撃航空団（KG 76）
　第Ⅰ飛行隊　29／29　Do 17Z
　第Ⅱ飛行隊　36／28　Ju 88A
　第Ⅲ飛行隊　32／24　Do 17Z

・第122偵察飛行隊／第5偵察飛行班

9／7　Ju 88／He 111／Do 17

■第Ⅱ航空軍団（Fliegerkorps）
司令部：ヘント、ベルギー
ブルーノ・レールツァー大将
（Bruno Loerzer）
・第2爆撃航空団（KG 2）
第Ⅰ飛行隊　43／27　Do 17Z
第Ⅱ飛行隊　42／35　Do 17Z
第Ⅲ飛行隊　34／32　Do 17Z
・第3爆撃航空団（KG 3）
第Ⅰ飛行隊　43／31　Do 17Z
第Ⅱ飛行隊　35／32　Do 17Z
第Ⅲ飛行隊　30／25　Do 17Z
・第53爆撃航空団（KG 53）
第Ⅰ飛行隊　28／27　He 111H
第Ⅱ飛行隊　33／15　He 111H
第Ⅲ飛行隊　33／24　He 111H
第1急降下爆撃航空団　第Ⅱ飛行隊　38／30　Ju 87B
第2急降下爆撃航空団　第Ⅲ飛行群　39／31　Ju 87B
第1教導航空団　第Ⅳ飛行隊（急降下爆撃）　36／28　Ju 87B
・第210試験飛行隊（戦闘爆撃機試験部隊）36／30　Bf 109／Bf 110「ヤーボ」（Jabo：戦闘爆撃機＊）
＊「Jabo」はドイツ語「Jagdbomber（戦闘爆撃機）」の略字。
・第122偵察飛行隊／第1偵察飛行班
9／6（Ju 88／He 111）（9月5日時点）

■第9飛行師団（Fliegerdivision）
司令部：アムステルダム、オランダ
ヨアヒム・コォーラー少将
（Joachim Coeler）
・第4爆撃航空団（KG 4）
第Ⅰ飛行隊　36／17　He 111H
第Ⅱ飛行隊　31／25　He 111P
第Ⅲ飛行隊　35／23　Ju 88A
・第100爆撃飛行隊（夜間嚮導機）　41／19　He 111H-3
・第126爆撃飛行隊（海軍支援）　34／8　He 111H
・第40爆撃航空団　第Ⅰ飛行隊（海軍支援）　9／3　FW 200C
・第106沿岸（Küsten）飛行隊（海軍支援）　30／23　He 115／Do 18
・第122偵察飛行隊／第3偵察飛行班
11／9（Ju 88／He 111）

■第2航空艦隊戦闘機軍団
（Jagdfliegerführer）
司令部：ヴィッサン、フランス
クルト-バートラム・フォン・デーリング少将
（Kurt-Bertram von Döring）
・第3戦闘航空団（JG 3）
第Ⅰ飛行隊　33／32　Bf 109E
第Ⅱ飛行隊　32／25　Bf 109E
第Ⅲ飛行隊　29／29　Bf 109E
・第26戦闘航空団（JG 26）
第Ⅰ飛行隊　42／38　Bf 109E
第Ⅱ飛行隊　39／35　Bf 109E
第Ⅲ飛行隊　40／38　Bf 109E

・第51戦闘航空団（JG 51）
第Ⅰ飛行隊　32／32　Bf 109E
第Ⅱ飛行隊　33／33　Bf 109E
（第71戦闘航空団　第Ⅰ飛行隊）
第Ⅲ飛行隊　36／34　Bf 109E
（第20戦闘航空団　第Ⅰ飛行隊）
・第52戦闘航空団（JG 52）
第Ⅰ飛行隊　42／34　Bf 109E
第Ⅱ飛行隊　39／32　Bf 109E
第2教導航空団（LG2）第Ⅰ飛行隊
（戦闘機）36／33　Bf 109E
・第54戦闘航空団（JG 54）
第Ⅰ飛行隊　38／26　Bf 109E
（第70戦闘航空団　第Ⅰ飛行隊）
第Ⅱ飛行隊　36／32　Bf 109E
（第76戦闘航空団　第Ⅰ飛行隊）
第Ⅲ飛行隊　42／40　Bf 109E
（第21戦闘航空団　第Ⅰ飛行隊）
・第26駆逐航空団（ZG 26）
第Ⅰ飛行隊　39／33　Bf 110C
第Ⅱ飛行隊　37／32　Bf 110C
第Ⅲ飛行隊　38／27　Bf 110C
・第76駆逐航空団（ZG 76）
第Ⅱ飛行隊　24／6　Bf 110C
第Ⅲ飛行隊　14／11　Bf 110C

■第３航空艦隊

司令部：パリ、フランス
ヒューゴ・シュペルレ元帥
（Hugo Sperrle）
・第123偵察飛行隊／第1偵察飛行班
12／8　Ju 88／He 111
・第123偵察飛行群／第3偵察飛行班
11／8　Ju 88／He 111

■第Ⅳ航空軍団（Fliegerkorps）

司令部：ディナール、フランス
クルト・プフルークバイル大将
（Kurt Pflugbeil）
・第1教導航空団（LG 1）
第Ⅰ飛行隊　35／24　Ju 88A
第Ⅱ飛行隊　34／24　Ju 88A
第Ⅲ飛行隊　34／23　Ju 88A
・第27爆撃航空団（KG 27）
第Ⅰ飛行隊　38／23　He 111P/H
第Ⅱ飛行隊　34／21　He 111P/H
第Ⅲ飛行隊　31／23　He 111P
・第3急降下爆撃航空団（StG 3）
第Ⅰ飛行隊　29／16　Ju 87B
・第806爆撃航空隊（海軍支援）　33／22　Ju 88A
・第31偵察飛行隊／第3偵察飛行班
（陸軍協同）Bf 110／Do 17／Hs 126

■第Ｖ航空軍団（Fliegerkorps）

司令部：ヴィラクブレー、フランス
ロベルト・リッター・フォン・グライム中将
（Robert Ritter von Greim）
・第51爆撃航空団（KG 51）
第Ⅰ飛行隊　31／22　Ju 88A
第Ⅱ飛行隊　34／24　Ju 88A
第Ⅲ飛行隊　35／25　Ju 88A
・第54爆撃航空団（KG 54）
第Ⅰ飛行隊　35／29　Ju 88A
第Ⅱ飛行隊　31／23　Ju 88A

・第55爆撃航空団（KG 55）
　第Ⅰ飛行隊　39／35　He 111P/H
　第Ⅱ飛行隊　38／28　He 111P
　第Ⅲ飛行隊　42／34　He 111P
・第14偵察飛行隊／第4偵察飛行班
（陸軍協同）12／10　Bf 110／Do 17
・第121偵察飛行隊／第4偵察飛行班
　8／5　Do 17／Ju 88

■第Ⅷ航空軍団（Fliegerkorps）

司令部：ドーヴィル、フランス
ヴォルフラム・フライヘア・フォン・リヒトホーフェン少将
（Wolfram Freiherr von Richthofen）
・第1急降下爆撃航空団（StG 1）
　第Ⅰ飛行隊　39／27　Ju 87R
　第Ⅲ飛行隊　41／28　Ju 87B
・第2急降下爆撃航空団（StG 2）
　第Ⅰ飛行隊　39／32　Ju 87B
　第Ⅱ飛行隊　37／31　Ju 87R
・第77急降下爆撃航空団（StG 77）
　第Ⅰ飛行隊　39／27　Ju 87B
　第Ⅱ飛行隊　41／28　Ju 87R
　第Ⅲ飛行隊　38／37　Ju 87B
・第1教導航空団（LG1）　第Ⅴ飛行隊
（駆逐機）　43／29　Bf 110C
・第123偵察飛行隊／第2偵察飛行班
　9／8　Ju 88／Do 17
・第11偵察飛行隊／第2偵察飛行班
（陸軍協同）10／8　Bf 110／Do 17

■第３航空艦隊戦闘機軍団

（Jagdfliegerführer）
司令部：シェルブール、フランス
ヴェルナー・ジュンク大佐
（Werner Junck）
・第2戦闘航空団（JG 2）
　第Ⅰ飛行隊　34／32　Bf 109E
　第Ⅱ飛行隊　39／31　Bf 109E
　第Ⅲ飛行隊　32／28　Bf 109E
・第27戦闘航空団（JG 27）
　第Ⅰ飛行隊　37／32　Bf 109E
　第Ⅱ飛行隊　45／36　Bf 109E
　第Ⅲ飛行隊　39／32　Bf 109E
・第53戦闘航空団（JG 53）
　第Ⅰ飛行隊　39／37　Bf 109E
　第Ⅱ飛行隊　44／40　Bf 109E
　第Ⅲ飛行隊　38／35　Bf 109E
・第2駆逐航空団（ZG 2）
　第Ⅰ飛行隊　41／35　Bf 110C
　第Ⅱ飛行隊　45／37　Bf 110C

■第５航空艦隊

司令部：スタヴァンゲル、ノルウェー
ハンス-ユルゲン・シュトゥムプフ上級大将
（Hans-Jürgen Stumpff）

■第Ⅹ航空軍団（Fliegerkorps）

司令部：スタヴァンゲル、ノルウェー
ハンス・ガイスラー中将
（Hans Geisler）
・第26爆撃航空団（KG 26）
　第Ⅰ飛行隊　30／29　He 111H

第Ⅲ飛行隊　32／32　He 111H

- 第30爆撃航空団（KG 30）
  第Ⅰ飛行隊　40／34　Ju 88A
  第Ⅲ飛行隊　36／28　Ju 88A/C
- 第77戦闘航空団（JG 77）
  第Ⅱ飛行隊　39／35　Bf 109E
- 第76駆逐航空団（ZG 76）
  第Ⅰ飛行隊　34／32　Bf 110C/D
- 第506沿岸（Küsten）飛行隊（海軍支援）24／22　He 115
- 第120偵察飛行隊／第1偵察飛行班
  4／4　Ju 88／He 111
- 第121偵察飛行隊／第1偵察飛行班
  7／5　Ju 88／He 111
- 第22偵察飛行隊／第2及び第3偵察飛行班（陸軍協同）12／6　Do 17 M/P

（訳者注）

原文の「Gruppe」は本来「飛行群」と訳すべきであるが、本書ではイギリス空軍の戦闘機軍団の最小単位が「Squadron」とされていることから、両軍を対比する上での便宜上、「飛行隊」で統一した。

✹ 防御側の能力
戦闘機軍団

DEFENDER'S CAPABILITIES

戦闘機軍団のパイロットは制約の多い飛行規則、平時の訓練、窮屈な飛行編隊、そして台本どおりに演出された戦術によって機能不全に陥っていた。彼等は３機編隊の「Ｖ」(vics) で飛行したがこの隊形は火力、機動力、そして防御のための視界を制約するものであった。(Private Collection)

ドクトリン：早期要撃、大量撃破

1940年6月、ドイツ軍の戦車がイギリス海峡のフランス側沿岸に到達したとき、ドイツ空軍は世界で最も洗練された効果的な防空網に直面した。この防空網すなわち史上初の統合防空システム（IADS : integrated air defence system）の起源は、ヒトラーによる好戦的な体制からの脅威にイギリスが目覚めたことにあった。その脅威は、すでに強力であり、急拡大しつつあったドイツ空軍の存在をヒトラーが1935年3月に公表したことによって決定的になった。この高まりつつある脅威への対応を主たる理由に、1936年5月1日、空軍省はイギリス空軍に対して、「ロンドン空軍」内の様々な多岐にわたる部隊を特別任務部隊へと分離するように命じた。その成果として生まれた4つの部隊のうちの1つが戦闘機軍団であり、この部隊はイギリス空軍（9個の複葉機戦闘機の飛行隊とそれらの基地）、国防義勇軍（対空砲兵隊）、イギリス陸軍工兵隊（サーチライト）、そして王立防空監視軍団といったイギリス防空部隊（Air Defence of Great Britain : ADGB）と呼ばれた組織の部隊を引き継いだものであった。

ドイツ海軍のツェッペリン飛行船と陸軍航空隊のゴーダ爆撃機による無差別夜間爆撃の記憶は依然として生々しく、エア・パワーの理論家は将来の更なる状況の悪化を予測していたことから、イギリス防空部隊（ADGB）が1925年1月に設立された。その初期の組織は、イングランドの夜空に侵入するドイツの侵攻機を追跡した第1次世界大戦時の監視網を基礎としていた。当初は警察と民間の電話／電信網を使用する海軍省によって創設され、陸軍省が1916年に管理を引き継いで、E・B・アッシュモア（E. B. Ashmore）少将の指揮下に置かれた。彼は、志願兵による「特別巡査」と、サーチライト部隊と対空砲部隊が自分の司令部にある作戦指揮所へ連絡する専用の電話網を用いることで、この組織を信頼性と即効性のあるシステムへと発展させた。

アッシュモアのシステムは第1次世界大戦後に廃止されていたが、わずか6年後に帝国防衛委員会が防空（AD）警戒網の必要性を認識したことで復活された。すでに定年していたアッシュモアが再び責任者となり、一連

イギリス空軍の「秘密兵器」であったAMES I型レーダー。22.7〜29.7MHzの周波数を使用し、荒削りな技術を用いて、高さ350フィートの鉄塔から（写真では鉄塔の右側付近に見える）空中線を吊り下げて、基準となる方位を中心に左右100度の幅で電波を送信した。（IWH CH 15337）

の演習を通じて間もなく「昼も夜も卓越した追跡」ができることを示せるようになった。監視員の哨所は報告所（レポート・センター）に直接電話線で繋がれており、報告所は適切な情報をイギリス防空部隊（ADGB）司令部へ中継した。1925年12月までに、この再び活性化したシステムは、4つの軍団司令部に応答する100ヶ所の哨所をもってケント、サセックス、ハンプシャーと東部地域を覆域に収めた。

実務レベルにおいて、アッシュモアはグリッド入りの作戦室テーブルを導入した。そこでは「プロッター（Plotters）」が着色された「カウンター」（訳者注：探知した編隊の位置を示すもの。49頁と114頁の写真を参照）を使用して、防空圏に飛来する航空機の編隊の航跡を示していた。それぞれの報告所では、室内のバルコニーや上部のボックス席から見下ろしている「テラー」（teller）が、「襲撃部隊」の侵攻状況をイギリス防空部隊（ADGB）司令部へ5分毎に報告することで、時宜にかなった戦闘機の緊急発進と迎撃を可能にしていた。1929年1月、このシステムはイギリス空軍に移管され、5番目の飛行群が追加されたことを除き、1935〜36年まで現状維持されていたが、この時に規模と組織編成が倍増され、イングランドの北部と西部、そしてスコットランドに配備されていった。

このシステムの欠点は、昼間帯の晴れ渡る空でなければならなかったことに加えて、監視部隊が目視による追跡を開始できるようになる前に侵攻してくる爆撃機からも実際に「陸地が見えて」しまうことであった。戦闘機軍団が設立される以前においてさえ、イギリス防空部隊（ADGB）指導部は接近してくる爆撃機の編隊を前もって知る必要があること（いわゆる「早期警戒」またはEW（early warning））の重要性を認識していた。戦闘機軍団のドクトリンは、あの日がそうであったように、可能な限り遠方で来襲してくる侵攻部隊を迎撃し、最大限の損耗を負わせることで、攻撃目標に投下される爆弾の量を減殺するとしていた。

早期警戒レーダーシステム

目視により侵攻を通報するシステムの限界は通報を不十分なものにするとの懸念から、1934年11月、空軍省の科学研究部長であるH・E・ウィンペリス（H. E. Wimperis）氏は、国家物理研究所にある電波研究所の最高責任者であるロバート・ワット（Robert Watt）氏（後のロバート・ワトソン－ワット（Robert Watson-Watt））に、接近してくる爆撃機を破壊できる何か新しい技術はないものかと尋ねた。具体的には、ワットは不気味な空想科学雑誌によって世に広まっていた「殺人光線」は実現できる可能性があるのかを尋ねられたのであった。ワットは「殺人光線」のアイデアを却下したが、「電子的な反響」として飛行中の航空機から反射される電波が、接近してくる航空機の早期探知に使えるかもしれないと付け加えた。彼は自分の理論を1935年2月の報告書「電子的手法による探知と航空機の位置」で詳しく述べており、ウィンペリスは自分とワットと空軍省の科学委員会で研究開発を担当している空軍のメンバーであるヒュー・ダウディング（Hugh Dowding）空軍少将（Air Vice-Marshal : AVM）との会合を手配した。この会合で有望性と将来性の両方が評価され、間もなくハンドレ・ページ・ヘイフォード複葉爆撃機と、ノーサンプトンシャーのダベントリーにあるBBCの海外放送用短波送信機で試験が行われ、この構想には利点があることが最終的に証明された。

試験の成功に引き続き、空軍省はワットの初期段階にある「電子的な反

沿岸部の船を探知するためにイギリス海軍によって開発されたAMESⅡ型チェーン・ホーム（低空用）レーダーは、Ⅰ型よりも高機能を有しており、2つの回転式の空中アレイを装備していた。200MHzの周波数を使用する送信アンテナは高さ185フィートの鉄塔の頂上に載せられており、受信機は写真右下の操作ブロックの横にある高さ20フィートの木製の構台に置かれていた。
（IWM CH 15183）

響」技術の開発のために1万ポンドの出資を承認した。そして、サフォーク沿岸にあるオーフォードネスでの試験に成功した後、最初の運用可能な軍事施設が、初号機の設置場所から少しだけ南の位置にバウジー研究所として建設された。吊り下げた空中線を使用した最初の格子型マストは、1936年3月に完成して試験が再開され、研究所は間もなく62マイル（100km）（訳者注：海里換算では112km）以遠にいる個々の航空機の探知を報告するようになった。

ワットの「発明品」は、基本的に広い帯状（100度の幅）で、距離のみを測れるレーダーであり、最終的に空軍省実験所（Air Ministry Experimental Station：AMES）Ⅰ型に指定された。これは、レーダー局から目標までの（「方位角」と呼ばれる）方向が分からないという事実を隠すため、「無線方向探知機」（Radio Direction Finding：RDF）と通称された。450～750キロワットの初期出力で22.7～29.7MHzの周波数を運用する2つ追加施設がドーバーとカネードンに建設され、1937年8月までに、これらの3つの施設は「フィルター・ルーム」に連接された。ここでは情報が融合され、重複が取り除かれて、（距離の円弧を交差させる）三角測量で探知目標の位置を確定していた。（この拠点では、初期段階の無線方位測定器の技術の使用を試みていた。これは1907年にベリニ・トシ（Bellini‐Toshi）によって最初に発明された目標の方位を確定するためのものであったが、最適の環境以外ではほとんど全

1940年8月12日におけるイギリス空軍の統合防空システムと部隊配置図（→口絵頁参照）

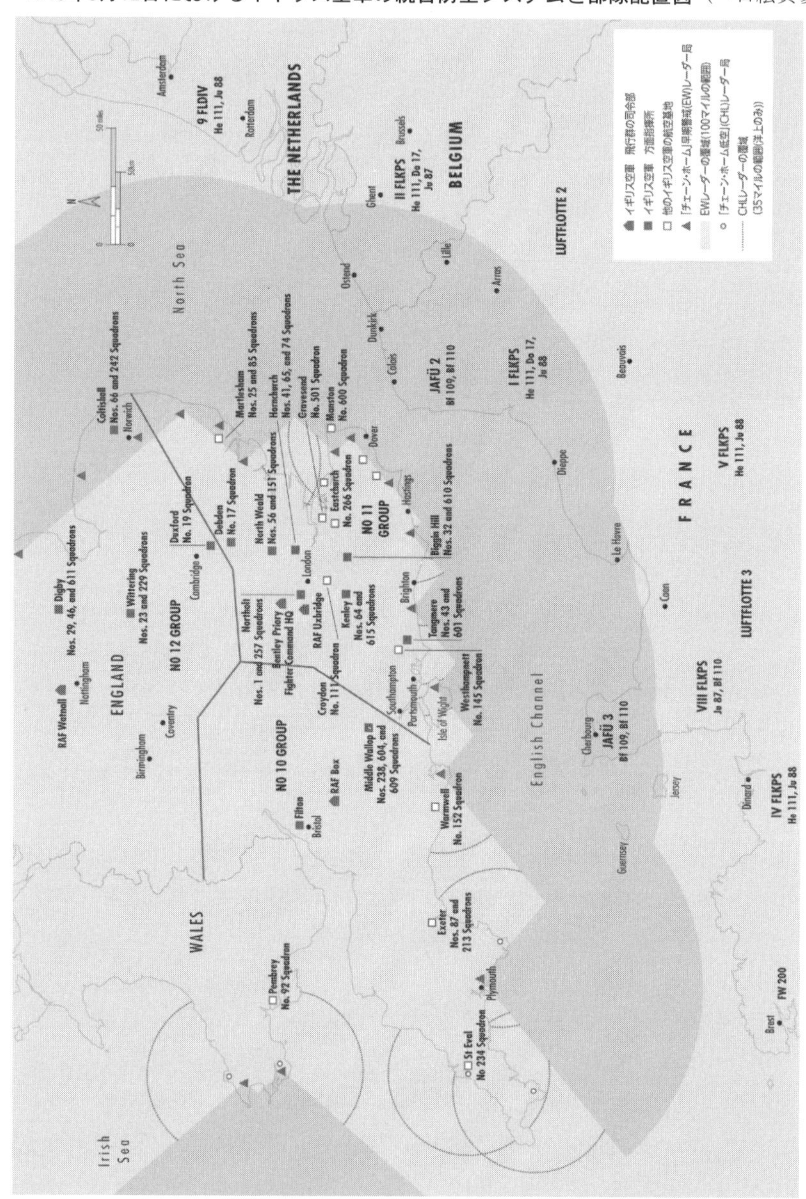

爆弾に耐えられるよう地下に設けられたベントレー・プライオリーの戦闘機軍団の作戦室。隣接した「フィルター・ルーム」から提供されるレーダーの「プロット」を使用して、女性の空軍予備役兵(Women's Auxiliary Air Force:WAAF)の「プロッター」が侵入してくる襲撃部隊の位置を示すマーカーを配置した。バルコニーからは、士官が警戒待機させる飛行群の司令部と一般市民への空襲警報を吹鳴を決定していた。(IWM C 1870)

く使い物にならないことが分かっていた。)この月に行われた、6機以上の航空機の編隊を100マイルの距離で発見することに成功した演習に引き続き、「チェーン・ホーム」(Chain Home : CH)と呼ばれたレーダー局の20ヶ所への配備が空軍省によって承認された。

この間に、海軍省は水上の戦艦や低高度を飛行する航空機に対する沿岸防衛のための独自のレーダー・システムを開発していた。低出力(150キロワット)で探知距離も短かったが、C・S・ライト(C. S. Wright)氏が開発した200MHzのシステムは更に進歩しており、360度回転する幅の狭い(20度の幅の)ビームを用いることで、より正確に探知目標の方位角を確定することができた。空軍省はより総合的な早期警戒網を確保するための「欠陥補完器（gap filter)」として、このシステムを直ちに採用し、AME SⅡ型「チェーン・ホーム低空用」(Chain Home Low）システムに指定した。そしてCHレーダー局を補完するための30ヶ所のチェーン・ホーム低空用（CHL）の全てが1940年7月までに建設された。これらは、破壊されたり損傷を受けたりした常設部隊を代替できるように整備された24個の小型M. B. 2（移動局）によって補強されていた。

チェーン・ホーム低空用（CHL）サイトは、最寄りのCH局に電話で情報を伝達し、全てのCH局は戦闘機軍団司令部の「作戦室」にいる「プロッター」に「有線」で結ばれており、「作戦室」では侵入してくる航空機の進み具合が追跡されていた。ここでデータが「選別」されて、その結果である「襲撃情報」が飛行群の指揮所と、侵攻部隊を要撃するために無線通信で防空戦闘機を誘導する方面指揮所に伝えられた。防空監視軍団のネットワークは標準化されて相互に結びつけられ、この時までに1,000ヶ所の監視哨所と32ヶ所の報告所に配置された30,000人と、陸軍の対空砲とサーチライトの部隊も含むようになっていた。この複合的な組織は、その初歩的な技術が可能な限り効力を発揮するように繰り返し、そして頻繁に訓練された。

イギリス空軍戦闘機の隊形

ABOVE RAF FIGHTER FORMATIONS

8月から9月の標準的なイギリス空軍の戦闘機の飛行隊は（予備の2機を含めて）18機（時として24機）と22名のパイロットで編成され、毎日12機を戦闘任務に就けるようにすることが要求されていた。1940年8月までには、フランス戦役での残酷な教訓や緒戦でのBf109Eとのイギリス海峡での交戦から学び、1938年のイギリス空軍航空戦術マニュアルに規定された忌まわしいほどに硬直した「戦闘エリア攻撃」フォーメーションに代えて、通常3機で飛ぶ各編隊は、3個編隊でV型になるよう形作る「ヴィック（vic）」で飛行した。この「ヴィック」は「（大きな）Vの中に（小さな）Vがある」（カッコ内は訳者）フォーメーションとなる。4個目の編隊は、主力となるフォーメーションの背後、そして1000フィート上空を後方からの奇襲に備えてジグザグに飛行した。

「ウイーバー（weaver）」（訳者注：4個目の編隊）が長く蛇のような飛行経路をとって主力フォーメーションの上空の位置を保てるようにするために巡航速度が遅くなったことで、高速で「切り裂き」攻撃を加えてくるBf109からの攻撃を受けた時にはフォーメーション全体が戦術的に不利な状態となった。また、片側からの１撃目と逆側からの２撃目に対して常に脆弱な「6時方向」（訳者注：機体の真後ろ）を晒していた「ウイーバー」は、特に不利であった。「ウイーバー」と併せて多くの損害を出したことで、このフォーメーションは打ち切られることになった。

イギリス空軍戦闘機：能力、役割及び任務

創設時における戦闘機軍団の最新鋭戦闘機は、まだ開発中のグロスター・グラディエーター（Gloster Gladiator）であり、これは固定脚、布で覆われた天蓋あるいはフード付きの複葉機であった。最初の部隊である第72飛行隊が、この機種で作戦を遂行できるようになったのは1937年2月であり、全金属製の単葉戦闘機である高速で「超近代的な」メッサーシュミッ

イギリス空軍の最初の近代戦闘機は、ホーカー・ハリケーンMk.Iであった。比較的に重く、混合構造の単葉機であるハリケーンは、機体性能と操縦性においてBf 109Eに劣っていた。
(Private Colletion)

数え切れないほどの多くのハリケーンを早い段階で補強したのは、あの素晴らしいスーパーマリン・スピットファイアMk.Iであった。その機体性能と操縦性は、実際にドイツ空軍のBf 109Eと対等であった。(IWM CH27)

トBf 109 V1が1936年のベルリン・オリンピックで一般公開されてから6ヶ月後のことであった。

しかし、ドイツ空軍は高性能の単葉機を開発している組織というだけではなかった。当時、急速に進歩していた航空技術は、成長しつつあった民間航空会社からの搭載量、速度、そして航続距離の増大への要求によって拍車がかけられて、ついには対抗してくる戦闘機よりも高速の爆撃機を生産し、実質的に迎撃の影響を受けないようになった。近代的な爆撃機から突きつけられた脅威に対応するためには、3つのことが必要とされた。それは、速度、重武装、そして位置を特定して侵攻してくる爆撃機に接近する能力であった。

戦闘機軍団の低速で軽武装の複葉機を換装するため、1934年11月に空軍省は、最速の爆撃機を捕捉して2秒間の機銃掃射で撃墜できる「単葉の迎撃機」を求める仕様書F.5/34を発出した。空軍省は、高度15,000フィートを時速275マイルで飛行でき、20,000フィートまで7分半で上昇することが可能であり、最高高度33,000フィートを飛行できる、密閉式の操縦席と格納式の着陸装置を備えた先進的な機体を必要としていた。最近の研究によると、この機体には1分間に1,150発を発射する.303インチのブローニング機関銃8門を1組にして搭載することが求められており、これは2秒間の掃射で300発以上を命中させて目標を蜂の巣にするものであった。

最初に誕生したのが、民間企業でシドニー・カム（Sir Sydney Camm）が設計したホーカー・ハリケーンであった。頑丈で、安定しており、降着装置が格納式の単葉機であるハリケーンは、時代遅れの工法も混合して用いられながら生産され、比較的に重い機体となったが、戦闘機軍団を拡大し続けるための高い生産効率をもたらした。その試作機の処女飛行は1935年11月であり、「卓越した操縦性と御しやすさ」を有していると評価された。この新型戦闘機は、1,030馬力の新しいV型12気筒水冷エンジンであるロールス・ロイス・マーリンⅡが搭載されており、高度18,500フィートでの最高速度が時速320または325マイル（プロペラの型により相違）であり、最高高度は34,000フィートで、航続距離は600マイルであった。この機種は、1937年12月にノーソルトの第111飛行隊で運用が開始された。懸念されている戦争が近づくにつれて生産量が「増加」され、ヒトラーが第2次世界大戦を開始した時までに400機のハリケーンMk.Iが生産され、18個の飛行隊に配備された。その10ヶ月後、戦闘機軍団は、戦力組成上、32個のハリケーンの飛行隊を保有していた。

「単葉の迎撃機」の要求性能を満たした2番目の機体は、レジナルド・ミッチェル（Reginald Mitchell）がシュナイダー・トロフィーを勝ち取った高速の機体のコンセプトを採用した別の民間会社によるものであり、流

1,500ポンドの動力式砲塔と射撃手を後部に乗せたボールトン・ポール・デファイアントは、「銃塔戦闘機」（turret fighter）と呼ばれたが、速度が遅く操縦性が鈍かったため敵戦闘機の攻撃に対して極めて脆弱であった。（Private Collection）

老朽化したブリストル・ブレニム軽爆撃機から長距離「戦闘機」を造ることを試みたマーク IFは、すぐに全く役に立たないことが分かり、間もなくレーダーを装備した夜間戦闘機に転換された。
(Private Collection)

線型で全金属製のヴィッカース・スーパーマリン・スピットファイアであった。優美で効率的な楕円形平面の翼と組み合わせた滑らかな機体は、マーリンII／IIIエンジンが搭載されており、より新しく複雑さを増した応力外皮の全金属モノコック構造は、熟練工と、より多くの労力と、ハリケーンの2.5倍の製造期間を必要とした。その結果が、高度19,000フィートでBf 109よりもわずかながら速い時速355マイルの最高速度と最高高度34,000フィートの能力を発揮する流線型の高速迎撃機であった。スピットファイアの試作機は、どちらかというと平凡な空軍機の後を追って、その6ヶ月後に空へと上がり、ダックスフォードの第19飛行隊に配備された。しかし、その遅い、より時間のかかる製造工程は、生産効率の足かせとなった。第2次世界大戦の勃発が勃発した時、戦闘機軍団は9個飛行隊を前線配備しており、その後の10ヶ月で更に10個の飛行隊を増強した。

イギリス空軍の第3の単発「昼間戦闘機」であるボールトン・ポール・デファイアントは、実際に戦闘が行われる状況の現実を全く無視した、悲劇的に見当違いなコンセプトの結果であった。操縦席の背後に動力式の機銃4門の銃塔が搭載されていたが、前方を攻撃できる兵器が搭載されていなかったデファイアントは、敵の爆撃機の側方を飛行し、ネルソン卿（Lord Nelson）の時代のように、敵の「戦列艦」と交戦する「空飛ぶ駆逐艦」であるかの如く「舷側砲を交わす」ことが狙いとされていた。この重くて相対的に速度が遅く、そして操縦性が鈍い機種は、5月13日に第264飛行隊がオランダのムールデイク上空で掩護機が随伴するスツーカ（第1教導航空団第XII飛行隊(急降下爆撃)）を攻撃しようとした時に6機中の5機が立て続けに撃墜されたことで、メッサーシュミットの格好の餌食であることが既に証明されていた。悲劇的なことに、この大惨事は大きく誇張された「撃墜戦果」の栄光によって覆い隠されてしまった。5月10日から31日の間にデファイアントの射手は、65機のドイツ空軍機を撃墜したと主張したのである。これに対してドイツ側の記録は、この数のわずか12パーセントが実際の損失であったことを明らかにしている。デファイアントが狙いどおりに戦えた唯一の機会である、5月31日のダンケルク上空でのハインケル爆撃機（第27爆撃航空団第Ⅱ飛行隊）との「舷側砲の応酬」でさえ3機が失われ、わずか2機を撃墜したほかに2機を損傷させたのみであった。その後に続いた戦役の間、その当時に2個のイギリス空軍の飛行隊に配備されていたデファイアントは、更に2回の機会を得たが、両方とも惨憺たる結果であった。

老朽化したブリストル・ブレニム軽爆撃機から改修された双発の長距離「戦闘機」であるマークIF（Fは「戦闘機」を表現）は、イギリス空軍のBf 110駆逐機への対抗機であった。残念ながら、この機種は対抗機種が有している欠陥や不利点は全て持ち合わせている一方で、相手を凌駕するような特徴は何もなかった。1940年5月の時点で、この機種が配備された6個の戦闘機軍団の飛行隊は、この機種は戦闘機ではないという厳しい状況を思い知らされていた。まさにヒトラーの西方戦役の初日に、第600飛行隊はドイツ空軍のロッテルダムのワールハーヴェン飛行場に対する空挺攻撃を阻止しようとしたが、悲劇的なことに、Bf 110（第1駆逐航空団第Ⅰ飛行隊）によって6機中の5機が撃墜され、搭乗員の6名が死亡して2名が捕虜となった。

この時までに、レーダーを装備した「夜間戦闘機」の必要性は十分に認識されており、イギリス空軍の地上レーダー・システムの先進性に匹敵する開発プログラムが採用されて、7月26日までに70機あまりのブレニムIFが初期段階の空中傍受（AI： air interception）Mk Ⅲレーダーを装備するように改修された。「ある程度は信頼できる」とみなされたAI Mk Ⅲは、最大3～4マイルから最小800～1,500フィートまでを覆域としており、これは航空機に搭載された4丁の.303インチ機関銃ブローニングの射程を超えるものであった。ブレニムの速度も、辛うじてドイツの爆撃機と同程度というものであり、明らかに不十分であった。そのため、改良型のAI Mk Ⅳを搭載した最初のブリストル・ボーファイターMk IFには大きな期待が寄せられて、8月12日に試験のためにタングミアの戦闘迎撃部隊（Fighter Interception Unit : FIU）に配備された。

最後に、イングランド上空でドイツ空軍の航空攻撃部隊と効果的に交戦して打ち勝つために必要とされる3番目の要素は、これらの戦闘機が敵爆撃機の位置を特定して接近する能力であった。沿岸の早期警戒レーダー網が侵攻してくる襲撃部隊を探知し、これを観測者が（晴れた日には）陸地上空で追跡している間に、迎撃機を配置して襲撃部隊を8門の搭載機関銃で引き裂くことができるかが、現実的な成功の鍵であった。1935～36年のイギリス防空部隊（ADGB）の演習は、戦闘機の編隊長が個々に迎撃のための針路と針路を維持する時間を見積もり（通常は不正確となる）予想会敵点を出させるのは「無駄な計算」であることを直ぐに証明した。ひとたび総合的な高周波方向探知機（high frequency direction finding : HF/DF）ネットワークを用いることで戦闘機を配置するための効果的な手段が開発されると、次に方面指揮所の作戦室（operations room : Ops Room）で予想会敵点を算定できるようになり、（迎撃機の針路である）方位が編隊長に無線で伝えられるようになった。迎撃機には「チビ」と呼ばれた14秒毎に継続的に発信される自動無線送信機が搭載され、各方面のHF／DFネットワークが最大4個飛行隊の迎撃機の正確な位置を把握できるようにすることで、それらの位置が作戦室のグリッド入りの机上図に「プロット」された。迎撃機の位置と襲撃部隊の場所と進路（針路、速度と高度）を把握した方面管区の管制官は、戦闘機と迎撃目標を結ぶ線と襲撃部隊の侵攻方位が2つの辺を形成する2等辺三角形をイメージして戦闘機が侵攻を「遮断」するための針路を計算した。なぜならば、戦闘機の速度は迎撃目標の1.5倍（およそ時速300マイル対200マイル）であったため、通常、迎撃機は予想会敵点にいち早く到着して待ち受けることができたことから、戦闘機のパイロットが空を見渡して接近してくる爆撃機を目視で確認できるようにしていたのである。1936年の後半に行った100回の迎撃訓練のうち、この手法を用いた93回が成功していた。その後の4年間で、このシステムは継続的

イギリス空軍の統合防空システム　（→口絵頁参照）

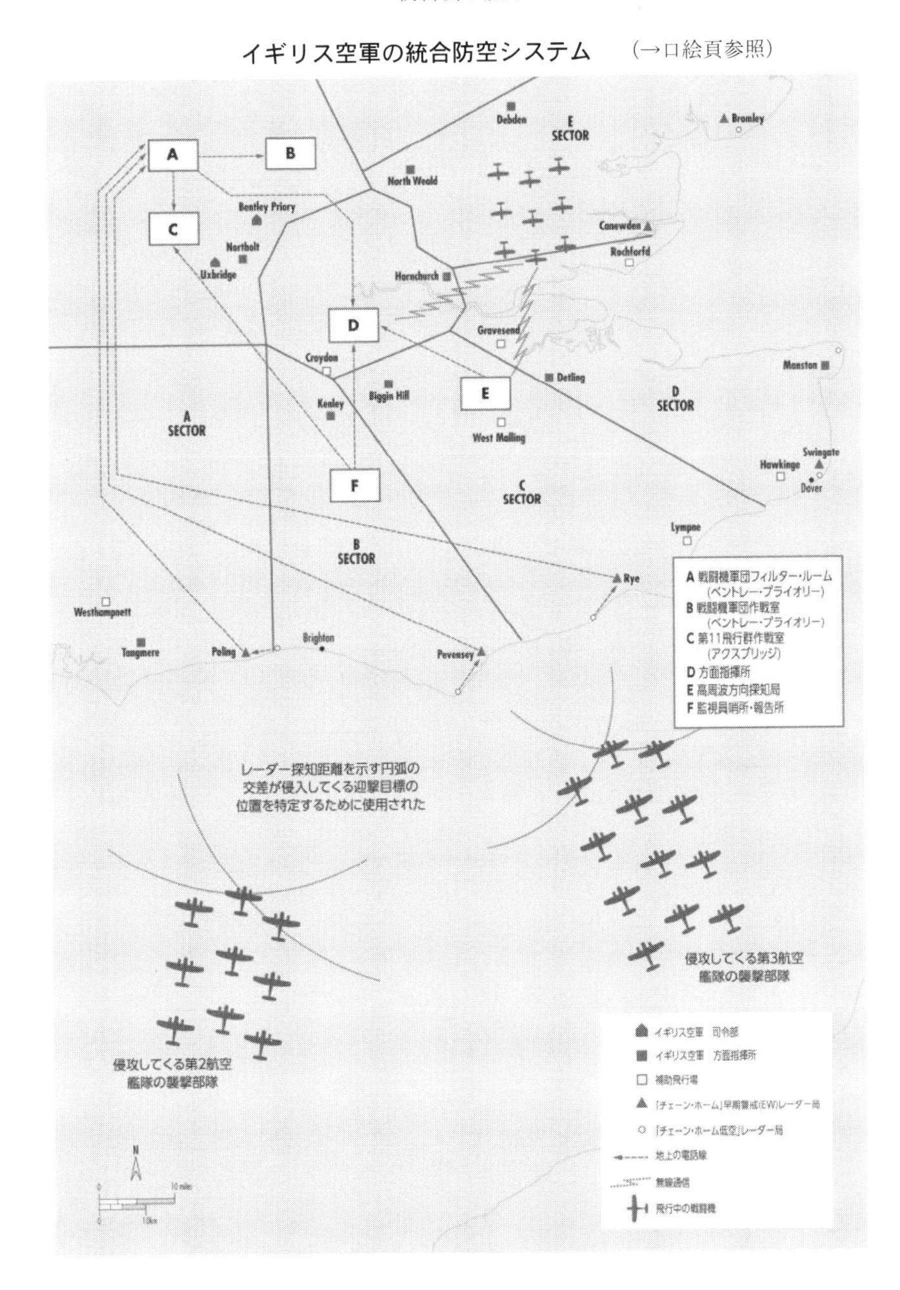

◎57頁の図　イギリス空軍の統合防空システム：どのように機能したか

戦闘機軍団のレーダーと指揮統制、そして迎撃機／対空砲を連携させたシステムは、史上初の統合防空システム（IADS）であった。侵攻してくる襲撃部隊は、長距離チェーン・ホーム早期警戒（EW）レーダーによって探知され、隣接するCHレーダー局の探知距離を示す円弧と交差させることで特定された位置と侵攻方向が、戦闘機軍団司令部（FC HQ）のフィルター・ルームに伝達された。戦闘機軍団司令部は、戦闘機の飛行群の指揮所に襲撃を通知し、空襲警報のサイレンを鳴らすとともに、攻撃側の航法支援となりうるものを除去するためにBBCの送信器を停止する責任を負っていた。飛行群の指揮所は、侵攻してくる各襲撃部隊を、戦闘機で迎撃するために方面管区の管制官（Sector Controller）に割り当てるとともに、適切な対空砲部隊に通知した。管区の管制官は、迎撃機を緊急発進させ、無線を用いて侵攻してくる襲撃部隊と交戦できるように誘導した。

な訓練と演習を通じて完成し、高い能力を発揮するIADSが最も必要とされた時に運用できるように準備が整えられることになったのである。

指揮官

グレート・ブリテン島の防空の責任者は、58歳の空軍大将のヒュー・キャスウォール・トレメンヒーレ・ダウディング（Hugh Caswall Tremenheere Dowding）であった。スコットランド人の教師の息子であるダウディングは、ウィンチェスター大学と王立陸軍士官学校で学んだ後、王立要塞砲兵連隊（Royal Garrison Artillery：RGA）に配属されてジブラルタル、セイロン（現在のスリランカ）、香港、インド、そして最後にワイト島で勤務した。新しい技術は彼の興味を引きつけ、1913年に彼はヴィッカ

ヒュー・C・T・ダウディング（Hugh C. T. Dowding）空軍大将
（IWM D 1417）

ーズ飛行学校に入学して操縦士の免許を取得し、その翌年に陸軍の中央飛行学校を卒業した。ワイト島の王立要塞歩兵連隊に戻りながらも、第1次世界大戦が勃発した時に彼は、直ちに偵察機のパイロットとしてイギリス陸軍航空隊（Royal Flying Corps : RFC）に召集された。

まず第7飛行隊に、その次に第6飛行隊に配置され、ファルマンMF. 7、MF. 11、HF. 20と王立航空工廠（Royal Aircraft Factory）製B. E. 2とB. E.8で飛行したダウディングは上級将校となり、イギリス陸軍航空隊司令部の参謀に配置され、そこで程なくして偵察任務のための無線の使用方法を開発する独立班を設立した。この急速に発展している分野での成功は、彼を1915年3月にブルクランズの無線実験機関の指揮官に配置させることとなり、その4ヶ月後に主としてB.E.2cを運用する第16飛行隊の指揮官として前線に戻った。そこで彼は「有能な」リーダーであると記録されている一方で、「部下からは内気で素っ気なさすぎる」とみられており、つけられたニックネームは「堅物」(Stuffy)であった。

そうではあるものの、ダウディングのリーダーシップの将来性が認められ、さらなる出世が続いた。第7航空団と第9航空団を指揮した後、1917年の夏に南部訓練旅団の指揮をとるために彼は准将に昇進した。休戦後に彼はイギリス空軍の大佐として常勤の身分に処遇され、第16飛行群を指揮したのち、第1飛行群の指揮官となった。これに続いてアクスブリッジの内陸部司令部とイギリス空軍イラク司令部の参謀長を務め、1926年5月に空軍省の訓練部長に任命された後、1929年に空軍少将に昇任してイギリス防空部隊（ADGB）の戦闘区域司令官となり、その後に航空委員会で補給と研究を担当する空軍委員として勤務した。1936年7月14日に戦闘機軍団が創設され、その司令部がロンドン北西端のスタンモアの近郊にあるベントレー・プライオリーの大きな古いゴシック調の邸宅に設立されるまでに、ダウディングの生まれ持っての才能と軍隊での経験は、彼をして来るべき

キース・パーク(Keith Park)空軍少将
(IWM CM 3513)

クウィンティン・ブランド(Sir Quintin Brand)空軍少将
(National Portrait Gallery, London)

戦争を導く唯一無二の指揮官にしていたのである。

ロンドンとイングランド島南東部を防衛する決定的に重要な部隊である第11飛行群を指揮していたのは、テムズ鉱山学校で学んだニュージーランド出身者で、第1次世界大戦勃発時に砲兵として従軍した48歳のキース・ロドニー・パーク（Keith Rodney Park）空軍少将であった。ガリポリに派遣されたニュージーランド遠征軍で戦った後、1915年に正式任用を勝ち取った彼はフランスに配置されて重傷を負ったため、ウーリッジの砲兵教官に追いやられた。1917年までに彼はイギリス陸軍航空隊に志願するまでに十分に回復し、ブリストル F. 2B複座戦闘機を運用する第48飛行隊を指揮するようになって、5機の撃墜と14機の「制御不能」(out of control) の戦果を挙げた。

戦後にパークは軍に常勤する立場を得て戦術訓練学校の校長や数ヶ所のイギリス空軍基地での指揮官を務めた後、1938年に戦闘機軍団の参謀長（COS）に任命された。背が高く引き締まった体で謙虚、そして「厳格であるが公正な、精神的支柱となるリーダー」であったパークは、1940年4月に第11飛行群の指揮を任された。ちょうど彼は、戦闘機軍団がイギリス海峡を超えて侵攻してくるドイツ軍に第11飛行群の7個の方面管区で対応し、ダンケルクから撤退してくるイギリス遠征軍のためのイギリス空軍のエア・カバーを構成しようとしている時に間に合うように指揮官になったのである。1940年8月にケッセルリンク率いる第2航空艦隊に対峙したパークは、12個のハリケーン飛行隊、7個のスピットファイア飛行隊、そして2個のブレニムIF飛行隊を指揮していた。

シュペルレの第3航空艦隊に対峙した第10飛行群は1940年6月1日に設立され、イギリスに渡った南アフリカ人で1915年にイギリス陸軍航空隊に入った47歳の空軍少将クリストファー・ジョセフ・クインティン・ブランド（Christopher Joseph Quintin Brand）が指揮していた。飛行訓練の後に彼はニューポール17「偵察機」を運用する第1飛行隊に配属され、ドイツの飛行船／ゴータによる夜間爆撃への反撃を支援するためにイングランド島へ配置されるまでに7機を撃墜したとされている。第112飛行隊を指揮していた彼は、1918年5月19日にケント州のスロウリーから改修型ソッピース・キャメルで飛び立ち、ゴータ爆撃機を撃墜して初めての「夜間戦闘」の戦果を獲得した。その後すぐにドイツ空軍がイギリスへの爆撃を中止したことに伴い、ブランドはフランスにある第151飛行隊に異動し、さらに4機の夜間における撃墜を記録した。

戦間期の1925年から27年の間に、ブランドはファーンバラの王立航空研究所で上級／主席技術士官として勤務した。２年後に彼はエジプトのアブキールに上級技術士官として派遣され、1932年から36年までエジプトの航空局長を任された後、イギリス本土に戻りイギリス空軍の修理・整備部長となった。1938年に空軍准将に昇任した彼は、ほぼ間違いなくイギリス空軍で最適任の防空の専門家であった。ブランドの指揮下には3個の方面管区と8個の飛行隊のみが置かれ、その大部分はレーダー覆域の外にあるデボンとコーンウォールであった。また、ここを守っているのは、プリマス近郊に基地がある時代遅れのグラディエーター複葉機の1個飛行班と、エセクターに展開した2個のハリケーン飛行隊のみであった。

最も不適任者であった飛行群の指揮官は、ミッドランズを6個の方面管区と14個の飛行隊で守っていた第12飛行群を指揮していたトラッフォード・リー・マロリー（Trafford Leigh-Mallory）空軍少将であった。チェシャー州の牧師の息子で、イギリス空軍サークル内で「L-M」として知られていた48歳の彼は、ケンブリッジ大学のモードリン・コレッジで学び、第1次世界大戦勃発時にはロンドンで法廷弁護士になろうとしていた。彼は当初、サウス・ランカシャー連隊の一員として戦い、イーペルで負傷した。回復すると彼は、1916年7月にイギリス陸軍航空隊に異動して飛行訓練を受け、第7飛行隊と第5飛行隊でB. E. 2を操縦した後、1917年のカンブレの戦いで戦車に対する攻撃を直接支援することで大きく陸軍との協同に取り組んだ第8飛行隊の指揮をとった。戦間期に彼は空陸協同の先駆者となり、イギリス空軍の陸軍協同学校の校長を経て、キャンバリーの陸軍大学の教官や第2飛行訓練学校の校長を務めた。

「小うるさく短気で理屈っぽい」リー・マロリーは、無節操に野心的であり「優れた軍人政治屋である危険人物」との評判を得ていた。ドイツとの戦争が迫り来る中で、彼は1937年12月に第12飛行群の指揮官に任命され、翌年の11月に空軍少将へ昇任した。1940年7月まで空軍少将に昇任しなかったパークが前線部隊の筆頭となる第11飛行群の指揮官となったことに猛烈に嫉妬したリー・マロリー（L-M）は、ダグラス・バーダー（Douglas Bader）飛行隊長（Aquadron Leader : Sqn Lrd）の「ビッグ・ウィング（big wing)」構想を擁護した。この構想は「早期に迎撃して激しく減耗させる」という戦闘機軍団のドクトリンに逆行するものであり、これを彼はパークの評判を貶めて最終的に職を奪うための手段としたのであった。

1940年8月におけるイギリス戦闘機軍団の戦力組成

■ヒュー・ダウディング空軍大将の司令部：ベントレー・プライオリー

（注釈：数値は1940年8月1日の18:00の時点で運用できる／任務に耐えうる航空機の機数）

■第11飛行群

司令部：アックスブリッジ

キース・パーク少将

A管区（管区基地：タングミア）

タングミア

第43飛行隊　19/18 ハリケーン

第266飛行隊　18/13ハリケーン

第601飛行隊　18/14ハリケーン

戦闘機迎撃隊　7/4 ブレニムIF

ウェスサンプネット

第145飛行隊　6/9 ハリケーン

B管区（管区基地：ケンリー）

ケンリー

第64飛行隊　16/12 スピッドファイア

第615飛行隊　16/14 ハリケーン

クレイドン

第111飛行隊　12/10 ハリケーン

C管区（管区基地：ビギンヒル）

ビギンヒル

第32飛行隊　15/11 ハリケーン
第610飛行隊　15/12 スピッドファイア
グレーブセンド
第501飛行隊　16/11 ハリケーン
ウェスト・マリング
D管区（管区基地：ホーンチャーチ）
ホーンチャーチ
第41飛行隊　16/10 スピッドファイア
第65飛行隊　16/11 スピッドファイア
第74飛行隊　15/12 スピッドファイア
マンストン
第600飛行隊　15/9 ブレニムIF
E管区（管区基地:ノース・ウィールド）
ノース・ウィールド
第56飛行隊　17/15 ハリケーン
第151飛行隊　18/13ハリケーン
マートルシャム
第25飛行隊　14/7 ブレニムIF
F管区（管区基地：デブデン）
デブデン
第17飛行隊　19/14 ハリケーン（マートルシャムに展開中）
第85飛行隊　18/12 ハリケーン
Z管区（管区基地：ノーソルト）
ノーソルト
第1飛行隊　16/13 ハリケーン
第257飛行隊　15/10 ハリケーン

■第10飛行群

司令部：ボックス　ウィルトシャー
クインティン・ブランド少将
Y管区（管区基地:ミドル・ウォロップ）
ミドル・ウォロップ
第238飛行隊　15/12ハリケーン
第609飛行隊　16/10 スピッドファイア
第604飛行隊　16/11 ブレニムIF
ワームウェル
第152飛行隊　15/10 スピッドファイア
W管区（管区基地：フィルトン）
フィルトン（エクセターに展開中）
第87飛行隊　18/13 ハリケーン（エクセターに展開中）
第213飛行隊　17/12 ハリケーン
ペンブリー　ウェールズ
第92飛行隊　16/12 スピッドファイア
セント・エヴァル
第234飛行隊　16/10 スピッドファイア
ロボロー（プリマス）
第247飛行隊　12/10 グラディエーター

■第12飛行群

司令部：ワトナル

トラフォード・リー・マロリー少将

G管区（管区基地：ダックスフォード）

ダックスフォード（フォウルミア）

第19飛行隊　15/9　スピッドファイア

J管区（管区基地：コルティスホール）

コルティスホール

第66飛行隊　16/12　スピッドファイア

第242飛行隊　16/11　ハリケーン

K管区（管区基地：ウィッタリング）

ウィッタリング

第229飛行隊　18/14　ハリケーン

コリーウェストン

第23飛行隊　14/9　ブレニムIF

L管区（管区基地：ディグビー）

ディグビー

第46飛行隊　17/12　ハリケーン

第611飛行隊　13/6　スピッドファイア

第29飛行隊　12/8　ブレニムIF

M管区（管区基地：カートン・イン・リンジー）

カートン・イン・リンジー

第222飛行隊　17/14　スピッドファイア

第264飛行隊　16/12　デファイアント

■第13飛行群

司令部：ブレイクロー

リチャード・ソール少将

N管区（管区基地：チャーチ・フェントン）

チャーチ・フェントン

第73飛行隊　16/11　ハリケーン

第249飛行隊　16/11　ハリケーン

レコンフィールド

第616飛行隊　16/12　スピッドファイア

飛行場管区：アスワース

アスワース

第607飛行隊　16/12　ハリケーン

アックリントン

第72飛行隊　15/10　スピッドファイア

第79飛行隊　12/10　スピッドファイア

キャッタリック

第54飛行隊　14/11　スピッドファイア

第219飛行隊　15/10　ブレニムIF

飛行場管区：ターンハウス

ターンハウス

第253飛行隊　16/12　ハリケーン

第603飛行隊　15/11　スピッドファイア

ドレム

第602飛行隊　15/11 スピッドファイア

第605飛行隊　18/14 ハリケーン

プレストウィック

第141飛行隊　12/8 デファイアント

飛行場管区：ウィック

ウィック

第3飛行隊　12/10 ハリケーン

サンボロー

第232飛行隊　10/6 ハリケーン

アルダーグローブ（北アイルランド）

第245飛行隊　10/8 ハリケーン

キャッスルタウン

第504飛行隊　17/13 ハリケーン

ダイス/グランジマウス

第263飛行隊（1フライト限定）

6/4 ハリケーン

✺ 作戦目的

CAMPAIGN OBJECTIVES

ドイツ空軍がイングランド南部上空での航空優勢を獲得するために攻勢対航空（OCA）作戦を行っている間、ドイツ海軍は2,318隻ほどの川船を集めて、その場しのぎの強襲揚陸艇に改造した。これらは「乳母車」(baby strollers）と呼ばれていた。
（Bundesarchiv Bild 101 II-MN-1369-10A）

この（アシカ作戦の）目的は、ドイツに対する戦争を遂行するための拠点としてのイギリス本土を破滅させることであり、要すれば完全に占領することである。

ヒトラーの総統指示第16号「イギリスに対する上陸作戦の準備」

1940年7月16日

その見事な戦力と優れた能力の実績とは裏腹に、ドイツ空軍が最も深刻な欠陥の1つが、適切な参謀要員の不足であった。航空司令部を発展させて再編した組織でもあるドイツ空軍総司令部（ObdL : Oberkommando der Luftwaffe）は、空軍の最高司令部というよりもゲーリングの個人的な参謀組織であり、国防軍最高司令部が陸軍あるいは海軍の総司令部というよりもヒトラーの総司令部であったのと同様であった。その9つの部門（Abteilungen）は2つのグループにまとめられていた。作戦参謀は作戦、訓練と情報で構成されており、オットー・ホフマン・フォン・ヴァルダウ（Otto Hoffmann von Waldau）少将の下に置かれた。また、ハンス＝ゲオルク・フォン・サイデル（Hans-Georg von Seidel）少将が兵站機能を監督した。（両名ともゲーリングの空軍参謀長であるイェショネクを通じて彼に報告していた。）

どの部署も戦闘作戦の細部を計画することに責任を負わなかった。この役割は航空艦隊や航空軍団の司令部といった作戦レベルで行われ、ドイツ空軍総司令部（ObdL）は部隊への任務付与や移動の指示のほか作戦の目的と優先度の決定、推奨される攻撃目標のリストと情報資料の配布、そして隷下の司令部に対するゲーリングの指示の発出といったことを実施していた。ドイツ空軍総司令部（ObdL）の包括的な「指針」の枠内において、航空艦隊と航空軍団が陸軍との戦術的な協同作戦を行うときに、簡潔にして効果的な攻撃計画を策定するのは十分に容易であった。これまでの全ての戦役において、ドイツ空軍の隷下部隊は、航空艦隊が陸軍の軍団司令部と協同し、航空軍団に特定の「番号を付与された軍団」（numbered army）への支援が任務付与されるといったように、それぞれ個別または同等のレベルの陸軍の部隊に直接的に割り当てられていた。陸軍の命令は、陸軍総司令部の攻撃計画を実行に移すにあたり、割り当てられたドイツ空軍の部隊に作戦の指示と優先度を示していた。これは、陸軍が望む目的を達成するために、任務を分配し、部隊を割り振り、攻撃目標を割り当てて、配下の戦闘部隊と急降下爆撃機部隊に敵の部隊や防御陣地、そして施設に対する攻撃を指示するというように順番に行われるものであった。

ドイツ空軍にとって、陸軍から独立して航空作戦の計画を立てることは、全くもって新しい、これまで挑戦したことのない試みであり、そのドクトリンは参考あるいは基礎となる事項を何も示していなかった。それゆえに、そうしなければならない必要性に迫られたとき、これほどまでに広範囲に及ぶ軍事行動を立案するための基礎となる作戦概念（CONOPS：concept of operations）すら策定されていなかったのである。その結果として、鷲攻撃の計画立案は、イギリスに対して個別に行われる航空作戦を如何にしてまとめ上げるかについてのアイデアを求めて散発的に行われた一連の高位レベルの会議と往復書簡という形で開始され、これに続いてフォン・ヴァルダウ少将の作戦参謀が内容の異なる複数の提案を１つの適切な戦略にまとめようと試みていた。2つの航空艦隊の部隊が、それぞれの新しい基地に展開して再編、そして補充され、ヒトラーの戦争指令第9号と13号を実行する形で日々のイギリス海峡横断作戦が行われ始めている一方で、この反復プロセスが本格的に始まったのは、ゲーリングが予期される攻勢作戦について議論するためにドイツ空軍総司令部（ObdL）の彼の参謀を招集して会議を開催した7月18日であった。そこでは、様々な部門の参謀たちが、それぞれの責任の範囲内を対象とした文書を準備して発表していた。

これらには、シュミットが1939年11月22日に作成した「イギリスに対する航空作戦の実行のための提案書」を性急に見直した、どちらかというと大雑把な、戦略的な攻撃目標の選定計画の提案と、引用されることの多かった彼の「青色研究」情報要約の更新版が含まれていた。また、ここでは次のことが議論された。第1に、航空機の搭乗員を訓練するために「イギリス海峡での戦い」を継続する必要があること。その多くはフランス戦役で戦死した1,092名を引き継ぐ者たちであった。第2に、爆撃機部隊とBf 109戦闘機部隊との間の緊密な連携を進展させ、訓練を行わせること。爆撃機の護衛はBf 110駆逐機部隊の主任務であったが、この機種では護衛任務を実施するのに能力が不足していたため、その役割を担えるように「前線戦闘機」の部隊が学ばねばならないことを意味しており、このためには新しい任務に熟達するための訓練が必要であった。最後に、効果的な空海の救難能力を構築する必要性が合意され、指示された。

3日後にゲーリングは、ケッセルリンクとシュペルレ、そして第5航空艦隊のハンス＝ユルゲン・シュトゥムプフ（Hans-Jürgen Stumpff）上級大将の3人の西部航空艦隊司令官とドイツ空軍総司令部（ObdL）の提言について議論し、彼らの参謀の計画立案の内容がイギリス海軍の戦艦と海軍基地への攻撃に集中する必要があることを強調するために会談した。この強調した事項は、7月16日に発令されたヒトラーの「戦争指令第16号　イギリスに対する上陸作戦の準備」によって指示されていたものだった。しかしながら、会議に出席した者たちが最も懸念していたのは、イギリス空軍戦闘機によりスツーカと爆撃機に大きな損失が生ずると予想されることであったことから、航空優勢の獲得が決定的な最優先事項として再び前面に押し出された。将軍たちは、自分たちの参謀と配下の航空軍団の評価、そして作戦発起のための提言を可及的速やかに提出するための指示とともに出発した。

さて、「指揮官の評価」（Commander's Assessments）と呼ばれている、各航空軍団のための目的、任務そして作戦構想の簡潔な評価が策定されて航空艦隊の司令部に送られ、ドイツ空軍総司令部（ObdL）に転送される前に航空艦隊司令部のコメントと推奨事項が付け加えられて、全ての関係する指揮官に適用できるように、優先順位、目的と攻撃目標群について筋が通っており一貫性のある書類一式へと変えられた。この総合的なプロセスを円滑に進めるため、イェショネク、フォン・ヴァルダウの運用参謀と訓練部長、そしてシュミットの隷下の情報部の一部で構成されたドイツ空軍総司令部（ObdL）の「前進部隊」（暗号名「ロビンソン」）は装甲司令部列車を勤務場所とし、ゲーリングの豪華な設備が施された私用列車（暗号名「アジア」）とともに、パリから北へ約50マイルの所にあるフランスのボーヴィル近郊の人里離れたところにある線路の待機線へと引きこもるために移動していた。

その戦力と優れた実績をよそに、ドイツ空軍は適切な指揮官レベルの計画立案を行う参謀を欠いていた。航空作戦の計画立案プロセスは航空艦隊と航空軍団の司令部に移譲され、そこでの取り組みの大部分は臨機応変に、電話や電信によって実施されていた。(NARA)

ゲーリングがベルリンの北東にあるカンダハルの丹念に作り込まれた豪華な狩猟小屋でトップ・レベルの計画立案会議を開催している間の、イェショネクのベルリンでの最後の任務の1つは、後に「アシカ作戦」(Unternehmen Seelöwe) と呼ばれることになるイギリスに対する海峡横断侵攻案を計画するためのヒトラーの最初の「統合軍会議」において、ボスの代弁者として話すことであった。この会議は、イギリスに対する水陸両用攻撃の実施に関する陸軍の構想と海軍の構想が広範囲にわたって、そしてひどく調和を欠いているという不安にさせるようなことが明るみになったことに起因したものであった。実際のドイツ海軍の海上輸送能力の程度を知らないドイツ陸軍総司令部 (OKH) は、「幅広い前線での渡海」を想定しており、侵攻の最初の3日間でラムズゲートからライム湾までの235マイルにわたる前線に、第1波である約260,000人の兵員と30,000両の車両を上陸させられるだろうと目算していた。

レーダーと海軍戦争指導部 (seekriegsleitung : SKL。ドイツ海軍総司令部(OKM)の作戦科) は陸軍の計画に反対し、代わりにドーバー海峡を横断する「狭い前線」へのアプローチを提案した。これは、航路の側面を守るための機雷原と沿岸での砲撃による支援のための「長距離砲」の設置、そして如何なるイギリス海軍あるいは空軍の妨害も排除する「絶対的なドイツの航空優勢」をドイツ空軍が保証することを当てにしたものであった。仮に必要な「輸送船」(強襲揚陸艇へと改造した川船) が確保されたとしても、わずか1隻の重巡洋艦アドミラル・ヒッパーと2隻の軽巡洋艦、7隻の駆逐艦、そして22隻のUボートのみが作戦に供することができる状態のドイツ海軍では、イギリス海軍の本国艦隊による激しい攻撃から輸送船団を守り

「鷲攻撃」のためのドイツ空軍の展開状況　(→口絵頁参照)

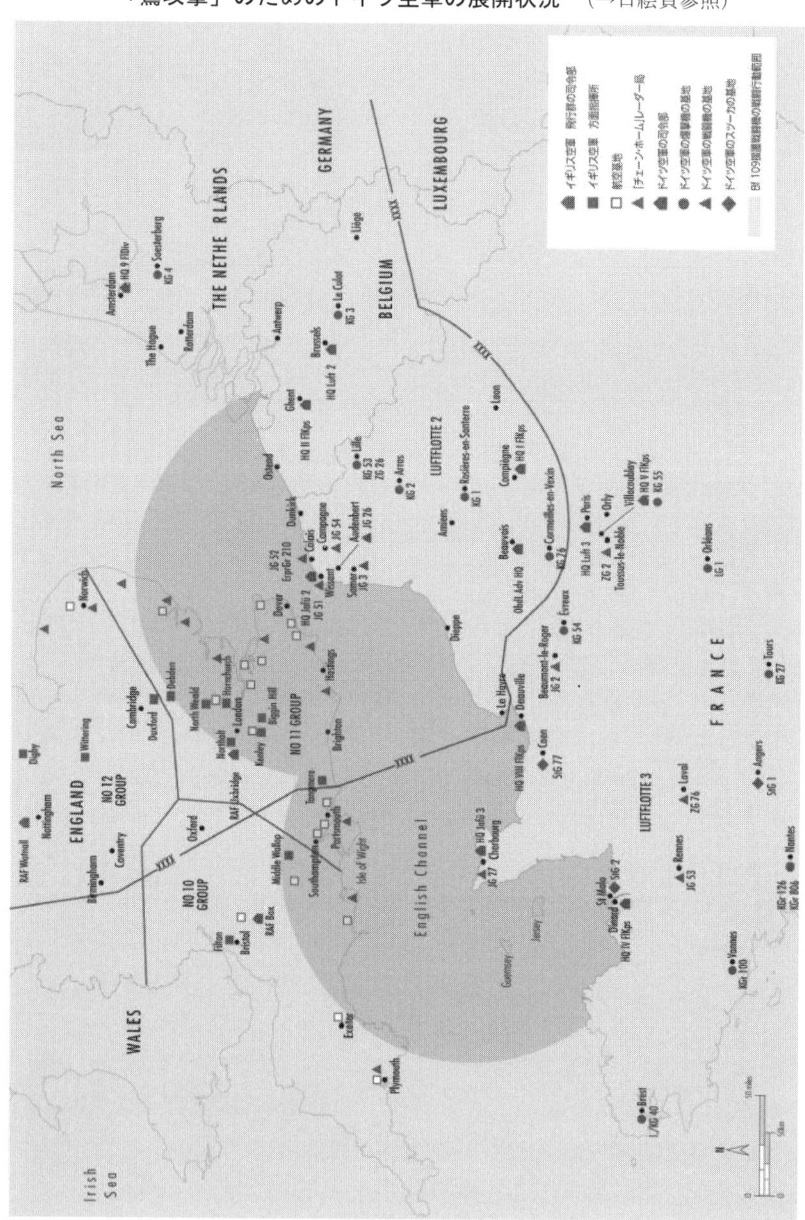

うることをほとんど期待できなかった。なぜならば、この本国艦隊は、その大部分（4隻の主力艦、2隻の空母、4隻の巡洋艦と30隻の駆逐艦）がドイツ海軍の艦隊の出撃を待ち構えている中で、戦艦リヴェンジと9隻の軽巡洋艦、39隻の駆逐艦が侵攻部隊に対処するために割り当てられていたからである。この格段に狭められたオプションは、ドイツ陸軍の「第1波」の戦力がイギリス本土への上陸を果たすまでには10日を要するであろうということを意味していた。

妥協点を得るために「統合会議」が開催されたものの、双方が合意できる解決策を得ることはできなかったため、ヒトラーは2回目の会議を7月29～31日に自分のベルクホーフの静養所（バイエルン・アルプスにあるベルヒテスガーデンの近郊）で開催することにした。彼はそこに行ってルーマニアとハンガリーとブルガリアの領土問題を仲裁し、そしてソビエト連邦についての情報資料の見直しを始めようとしていたのである。この会議において、陸軍総司令官のヴァルター・フォン・ブラウヒッチュ（Walther von Brauchitsch）上級大将とレーダーは、両者の主張の中間の幅での強襲上陸を9月21～26日で暫定的に計画することで妥協したが、この「機会の窓」（window of opportunity）が開くか否かは潮の流れと月明かり次第であった。ドイツ陸軍総司令部（OKH）とドイツ海軍総司令部（OKM）の主張は、全般的な暫定作戦構想としてまとめられ、8月1日にドイツ国防軍最高司令部（OKW）の指令第17号として発出された。一般的に誤って「侵攻計画」と呼ばれているこの指令は、各軍が作戦計画を実行可能なものにするために満たさねばならない準備要件をまとめたもの以上のものでは決してなかったのである。

この3日間の会議にドイツ空軍は参加していなかったため、総統指令はゲーリングの空軍に細かな指導事項を示していた。

> イギリスの最終的な占領のために必要な状況を確立するため、可及的速やかに全部隊の総力を挙げてイギリス空軍を制圧することをドイツ空軍に命じる。敵の飛行部隊を主に、地上施設や補給組織だけでなく、航空機産業に対しても攻撃を加えよ。

ドイツ空軍の最優先の任務は、あらゆるイギリス海峡横断作戦にとって脅威となるイギリス空軍を撃破するために、攻撃的な攻勢対航空（OCA）作戦を開始することであった。特に、ドイツ空軍は「イギリス空軍は、ドイツの海峡横断に対して如何なる有効な攻撃力も発揮できないほどに、精神的にも物理的にも大きく減殺されなければならない」と指示されていた。

先例にならい、航空艦隊と航空軍団からの各種報告を見直したゲーリングの司令部は、翌日に「『鷲攻撃』（Unternehmen Adler）の準備と指示」を発出した。ドイツ空軍総司令部（ObdL）による13日間の「鷲攻撃」計画は、イギリス空軍を「押し戻し」て、3段階に分けて飛行場と航空機産業を爆撃することにより、各段階で50キロずつ着実に前進しながらロンドンに近づくことを目的として立案された。昼間攻撃にあたり、ロンドンは地理的に爆撃機の行動範囲内と考えられていたが、掩護するBf 109Eの125マイルという行動範囲の限界による影響を受けていたのである。

「鷲攻撃」の目標は、次のとおりであった。

1．空中戦と飛行場への爆撃によりイギリス空軍の戦闘機軍団を無力化し、イギリス南部での航空優勢を獲得すること。
2．イギリス海峡横断作戦を妨害し得るイギリス空軍の戦力、すなわち爆撃機と沿岸防衛の部隊を壊滅すること。
3．イギリス南部の海岸に沿った港湾や洋上でイギリス海軍の部隊を壊滅すること。ただし、「顕著な成果が期待できる」攻撃目標が現れた場合に限る。
4．港湾、通信施設、航空機と航空機用エンジンの工場、イギリス空軍の補給処と爆撃機の基地に対する撹乱（夜間）攻撃を行うこと。

この指令には、イギリス空軍の全ての種類の部隊と飛行場、航空機とその構成部品と搭載兵器の工場といった、主としてシュミットの情報分析から得られた包括的な「攻撃目標リスト」が添付されていた。3番目の目標にはイギリス海軍の艦船と軍事施設が含まれた添付資料が、第4の目標には「封鎖の対象」を構成する港湾の長いリストが含まれていた。

優先順位の高い2つの目標に関して、ドイツ空軍の計画立案者は戦闘機の基地と他の機種の基地とを区別しなかった。なぜならば、彼らは自分たちの経験から、燃料タンクに満載された燃料とバス1台分の整備員、大型トラック1台に満載された弾薬と兵器係、そして司令部につながる電話線が1本あれば、戦闘機の飛行隊は全ての着陸可能な飛行場から出撃できると強く認識していたからである。そのため、イギリス南部の沿岸と南東部の内陸にある全ての飛行場を運用不能の状態にせねばならず、これは命令を基準とするのではなく地理を基準として、上述した「押し戻し」という考え方の下で優先的になされることとなった。

当初から、ドイツ空軍総司令部（ObdL）の参謀はイングランド南部のイギリス空軍の設備についての知識が不足していることを自覚しており、6月27日には組織的な写真偵察活動を開始するように命じていた。統合防空システム（IADS）が運用されている空域に侵入するのは、恐ろしく犠牲の大きな作戦であることは直ぐに証明された。無線で誘導された戦闘機に迎撃されて、その後の5週間で偵察飛行群は27機のほとんど武装されていない偵察機を喪失し、爆撃航空団の部隊では更に23機が失われた。これらの損害は、十分な数の戦闘機の編隊によって護衛されていた時でさえ発生していたのである。

しかしながら、イギリス海峡の上空でのドイツ空軍の作戦は、より大きな成功を収めていた。当初、各部隊がオランダとベルギー、そしてフランス北部の新しい飛行場に展開して補給や通信の手配を体系化しており、損失した航空機を補充し、後任として充当されたの搭乗員を訓練していたため、これらは相対的に強度の低い任務であった。激烈な戦闘の続いた6週間の西方戦役において、2つの航空艦隊は1,120機の双発爆撃機のうち438機を喪失していた。7月20日までに前線配備の爆撃機は1,131機に補強され、さらに129機がノルウェーに配備された。イギリス海峡での戦いは7月2日に正式に開始されていたが、本格的な開始はドーバー港を攻撃した7月19日であった。ほぼ毎日、3つの航空軍団がウェールズからロンドンに石炭を運んでいる船団やイギリス海峡にいる他の船を攻撃し、登録総トン数で50,528トンとなる25隻の小型汽船のほか4隻の駆逐艦を撃沈したことで、イギリス海軍省はドーバー海峡を昼間帯に通過する商船の運航を中断せざるを得なかった。イギリス海峡での戦いは7月下旬のドーバー港への反復

「鷲攻撃」を開始する前の5週間で、ドイツ空軍は約1,300ソーティ（訳者注：飛行回数（のべ数））をもってイギリス海峡にいるイギリスの輸送船舶を攻撃し、25隻の汽船を撃沈した。その総トン数は、50,000トン以上に及んだ。（NARA）

攻撃をもって最後を飾り、ついにイギリス海軍の駆逐艦隊をテムズ川河口の北部へと撤退させた。

沿岸部とイギリス海峡に対する攻撃へのイギリス空軍の反応は異様なほどに迅速であり、驚異的なほどに激しかったが、ドイツ空軍の戦闘機部隊の強力な護衛は損失を最小限に抑え（イギリス戦闘機に撃墜されたのは66機の爆撃機と22機のスツーカ）、「戦闘機掃討」（自由掃討(frei jagd)と呼ばれた。訳者注：戦闘機が制約なしに敵の航空機に襲いかかる戦法）と直接援護（「戦闘機防御」と呼ばれた。訳者注：防護対象と密接に行動して襲いかかってくる敵戦闘機を追い払う戦法）によって7月の間に合計64機のスピットファイアとハリケーンを撃墜した。最初の戦闘において、Bf 109Eは高度20,000フィート以上での交戦時にハリケーンとスピットファイアの両機よりもわずかながら優位にあることが証明された。その高度帯でのより速い上昇率、より高い戦闘高度、より重装備された武器、そして相手を上回る急降下能力は、決定的な差であることを示していた。優勢な戦術を駆使する戦闘経験の豊富なベテランのパイロットが操縦する「エミール」は、イギリス空軍の2機種の昼間戦闘機によって37機が撃墜されたものの、おおむね1.7対1の撃墜対被撃墜率（あるいは「撃墜比」(kill ratio)）を、作戦全般を通じて非常に安定して叩き出したことで、イギリス海峡での戦いにおいて僅差ながらの優位性を立証した。1940年8月1日、2つの航空艦隊は24個の戦闘航空団に（総数813機のうち）702機の任務遂行可能なBf 109Eを配備していた。これに対抗するため、その2日後の戦闘機軍団には、570機のスピットファイアとハリケーンとともに（うち任務遂行可能であるのは367機）、138機あまりの任務に不向きなブレニムとデファイアント、そ

芙蓉書房出版の新刊・売行良好書　2103

バトル・オブ・ブリテン1940

ドイツ空軍の鷲攻撃と史上初の統合防空システム

ダグラス・C・ディルディ著　橋田和浩監訳

本体 2,000円【3月新刊】

オスプレイ社の“AIR CAMPAIGN”シリーズ第１巻の完訳版。ドイツの公文書館所蔵史料も使い、英独双方の視点からドイツ空軍の「鷲攻撃作戦」を徹底分析する。写真80点のほか、航空作戦ならではの三次元的経過が一目で理解できる図を多数掲載。

暮らしと遊びの 江戸ペディア

飯田泰子著　本体 1,800円【2月新刊】

江戸時代に関わる蘊蓄(うんちく)を集めた豆知識の事典！　天文・地理・生業・暮らし・遊び・社会の６つのカテゴリーの300項目すべて挿絵つき。

◎品川は江戸ではなかった！◎江戸にもあった「百円ショップ」
◎身だしなみ　とはいうもののシャンプーは月１回
◎江戸時代の税金事情　長屋の住人は無税！……etc.

事変拡大の政治構造

戦費調達と陸軍、議会、大蔵省

大前信也(大和大学教授)著

本体 4,800円【1月新刊】

昭和12年の盧溝橋事件を発端とする北支事変・支那事変を、従来の研究で見逃されてきた「戦費調達問題」から分析した画期的論考

貴族院議員
水野直とその時代

西尾林太郎（愛知淑徳大学教授）著
本体 3,500円【1月新刊】

大正デモクラシーの時代の政界で「影の実力者」として活躍した水野直の生き様を描いた本格的評伝。25歳の若さで有爵議員となり、後半生のほとんどを貴族院議員として過ごした水野は、最大会派「研究会」の領袖として絶大な政治力を発揮し、原敬と提携するなどこの時代の政党政治の安定に寄与した人物として知られている。

虚構の新冷戦
日米軍事一体化と敵基地攻撃論

東アジア共同体研究所 琉球・沖縄センター編
本体 2,500円【12月新刊】

「敵基地攻撃論」の破滅的な危険性と、米中軍事対決を煽る米国の「新冷戦」プロパガンダの虚構性を15人の論客が暴く。米軍の対中・アジア戦略、それに呼応する日本・自衛隊の対応、中国の軍事・外交戦略、北朝鮮、韓国、台湾の動向に論及。

沖縄を平和の要石に *1* 地域連合が国境を拓く

東アジア共同体研究所 琉球・沖縄センター編
本体 2,000円【12月新刊】

東アジアを二度と戦争の起こることのない「不戦共同体」にする！沖縄を軍事の要石ではなく、再び平和の要石に戻す。国内、国外の多彩な分野の研究者、沖縄の基地問題の当事者などによる論考・記事20本！ 年刊ジャーナル創刊号。

芙蓉書房出版
〒113-0033
東京都文京区本郷3-3-13
http://www.fuyoshobo.co.jp
TEL. 03-3813-4466
FAX. 03-3813-4615

して1,434名のパイロットがかき集められた。この570機の昼間戦闘機には、8月11日の時点で補給処において部隊配備を待っていた264機のハリケーンとスピットファイアの新造機が追加されることになる。

８月１日にゲーリングは、イギリスに対する航空攻撃を開始する計画を最終的に決定するため、ハーグにあるドイツ国防軍の占領地域管轄司令部で大規模な会議（Besprechung）を開催した。彼は、ロンドンを陽動攻撃しつつ主力で戦闘機軍団の軍事施設を叩く「鷲攻撃」の開始を決定した。第1波は敵の戦闘機を空へ引きずり出すための比較的小規模なスツーカと爆撃機とBf 109の編隊で構成し、その10～15分後にイギリス戦闘機と交戦するための大規模な戦闘機編隊の波が続いて出撃する。主力となる爆撃機の編隊は、空中戦で生き残り地上において再発進準備をしているスピットファイアとハリケーンを捕捉して破壊することを目的としてイギリス空軍の飛行場を重爆撃するため、Bf 110に護衛されて約１時間後に続いて出撃する。この最初の攻撃に引き続き、午後にはイングランド東部にあるイギリス空軍の爆撃機の基地を夜間爆撃するために用意されていたロベルト・リッター・フォン・グライム（Robert Ritter von Greim）中将の第5航空軍団とともに2回の同様の攻撃が行われる。このパターンは、その後の2日間でも繰り返され、ロンドン近郊の飛行場に対する攻撃も行われることになる。

戦闘機と爆撃機の「飛行群司令」（Gruppenkommandeure）の会議と、攻撃計画に関与する全ての人と理解し合うためのパイロットと搭乗員との図上演習には5日間を要し、そしてゲーリングが全ての準備状況を確認するために主催した8月6日のカリンホールでの最終会議は完了した。「鷲の日」と呼ばれた攻撃開始日は翌日とされたが、イギリスの天候が悪化したため、5日後に延期せざるを得なかった。

✺戦　役

THE CAMPAIGN

ユンカースJu88A高速爆撃機（Schnellbomber）は、ドイツ空軍の最新鋭の爆撃機であった。しかし、機内火災といった大きな欠陥を抱えており、運用は限定的であった。（NARA）

ゲーリング元帥から第2、第3及び第5航空艦隊の全部隊へ
題目：「鷲」作戦
短期間のうちにイギリス空軍を空から一掃せよ。
ヒトラー万歳

ヘルマン・ゲーリングから第2、第3及び第5航空艦隊司令長官への訓令
1940年8月8日

レーダー（Chain Home）への第1撃：8月12日

ドイツ空軍は一連の襲撃をもって「鷲攻撃」を開始し、このことは、その後数十年にわたり—湾岸戦争における「砂漠の嵐」作戦に至るまで—統合防空システム（IADS）に対する航空作戦のパターンを確立した。50年以上に及ぶ軍事介入の中で、攻勢的な航空作戦を成功させるための最初のステップは、レーダーを破壊することで防御側を「盲目」にすることが定石となった。イギリスの海岸線に点在する奇妙なタワーから継続的に電波が放出されていることと、「イギリス海峡の戦い（Kanalkampf）」の間にイギリス空軍の無線通信を傍受したことにより、マティーニの無線監視部隊は、ドイツ空軍機がイギリスの海岸線にある設備により探知されており、イギリス空軍の要撃機は電波放出から何らかの形で引き出された情報を活用して特定の飛行場から迎撃エリアに無線で指向されていると判断した。マティーニは、「鷲攻撃」では最初に「特別な設備を備えた無線局」を一掃すべきであることを主張した。そのため、8月3日にイェショネク空軍参謀総長はシュペルレ元帥とケッセルリンク元帥に最初の攻撃計画を策定するよう指示した。

2人の航空艦隊司令官は、責任区域のチェーン・ホーム（CH）レーダーを攻撃するために、まったく異なるアプローチを採用した。南東部沿岸に所在する4ヶ所の施設を攻撃するために、ケッセルリンクは、新しく配備された第210試験飛行隊が評価しているBf 109E-4/BとBf 110C-6/D-0戦闘爆撃機を利用することにした。この部隊はもともとスツーカの後継機として製作された双発のメッサーシュミットMe 210を試験評価するために設

立されたMe210は、この機種が持つ根本的な問題により開発が難航したため、この部隊は代わりにドイツ空軍では標準的な機体であった単発及び双発の戦闘機を爆弾搭載型とした機体を装備することとなった。この機種は、戦闘爆撃機という概念を体現するものとなり、対地攻撃任務の効果を向上させるための装備や戦術が開発された。シュペルレは、ワイト島のヴェントナー無線方位測定器に対し、全てのJu 88（第51爆撃航空団第Ⅱ飛行隊）による急降下爆撃で攻撃することにした。

午前中の中頃、12機のスピットファイア（第610飛行隊）と交戦した「エミール」（第52戦闘航空団第Ⅱ飛行隊）による戦闘機掃討の後、ヴァルター・ルーベンスドルファー（Walter Rubensdörffer）大尉は12機の爆弾を搭載したBf 110と8機のBf 109を率いてカレーから高度18,000フィートで北上し、ドーバー海峡の手前で南西に変針してイギリス沿岸部と並行になるよう飛行して、各機は目標を通り過ぎたときに編隊から離脱した。イギリス空軍の防空司令所（FCフィルター・ルーム）は、レーダーで目標の方位を探知し続ける能力を欠いていたことと、ドイツ空軍機がレーダー・サイトを通り過ぎたことにより探知した目標までの距離の情報が混乱したことから、探知した目標を「X-raid」（探知が疑わしい、味方機である可能性がある目標）と判定し、要撃機を指向しなかった。Bf 109の編隊はスウィンゲート（ドーバー）のCHレーダーに対して8発のSC 250（551ポンド）爆弾を投下し、Bf110の編隊はペベンジーとライのサイトに8発のSC 500（1,102ポンド）爆弾を投下した。戦果は、それぞれのレーダーの監視能力を奪うに十分なものであり、3時間から6時間にわたりレーダー網に100マイル幅の穴を空けた。ただし、爆撃による衝撃でレーダーのアンテナを倒壊させることはできず、レーダーの機能発揮に不可欠である送受信のための防護施設には爆弾が命中しなかったため、損傷箇所が修理された後にレーダーの運用は再開された。

より効果的であったのは、真昼に行われたシュペルレによるヴェントナーのレーダーに対する攻撃であった。当初は、ほぼブライトンに直進していたヨハン・フォルクマル・フィサー（Johann-Volkmar Fisser）大佐は、68機のJu 88A（第51爆撃航空団と第55爆撃航空団第Ⅲ飛行隊）を率いて北上してヴェントナー局の電波照射域を通り抜けてから西進し、ポーリングのレーダー局の前方を通過してソレントに向かった。この経路はヴェントナーの覆域の背後であり、ポーリングのレーダー局も方位探知能力を欠いていたため、近づいては遠ざかる距離の情報が「トラック・テラー（track-teller)」（訳者注：レーダー情報を解析して目標の位置情報を割り出す要員）を困惑させた。その結果、これらの攻撃機は何ら迎撃されることなくポーツマスの市内中心部、ドック及び海軍基地を激しく一方的に攻撃し、この攻撃により96人が死亡した。（ポーツマスはイギリス海峡の西端にあるイギリス海軍の主要な基地であり、アシカ作戦を進めるには無能力化しておかねばならなかった。）この間、他の15機（第51爆撃航空団第Ⅱ飛行隊）はソレントの上空で南に変針してヴェントナー局を背後から攻撃し、投下した爆弾74発のうち15発が複合施設に命中した。この攻撃時もアンテナ・マストは倒壊しなかったが、損傷は広範囲にわたり、レーダー・サイトは3日間にわたり機能を停止した。爆撃機が攻撃目標から離脱したとき、ようやくブランドの要撃機（第152、第213と第609飛行隊）が到着して逃走する爆撃機を低高度で追撃し、高高度にいた護衛機が戦闘に加入する前にフィッサーの搭乗機を含む9機を撃墜した。

第11飛行群のレーダー網が破られている間に、第2航空艦隊は沿岸部のラインプネ、ホーキング、マンストンの「補助飛行場」を攻撃した。09:30にはDo 17Z（第2爆撃航空団第Ⅰ飛行隊）の編隊がラインプネに140発のSC 50（110ポンド）小型爆弾を投下し、着陸場を使用不能にした。その後で、Ju 88（第76爆撃航空団第Ⅱ飛行隊）の編隊がホーキングの作業場（複数）と格納庫（2ヶ所）を破壊し、着陸場にクレーターを作ることで、24時間にわたり基地を使用不能にした。正午を少し過ぎた頃には、第210試験飛行隊がマンストンを攻撃し、続けて18機のドルニエ（再び第2爆撃航空団第Ⅰ飛行隊）が150発の爆弾を投下して複数の作業場を全壊させ、2つの格納庫（2ヶ所）を損傷させたほか、着陸場にクレーターを作った。この激しい攻撃は基地の要員を地下シェルターへと追いやり、これらの要員の多くは数日間にわたりシェルターから出ることを拒否したという。

鷲の日：8月13日

翌朝の天気は悪いと予報されたことにより、ゲーリングは「鷲の日」を延期した。この作戦は「ルール（地方）を攻撃しているイギリス軍を撃滅する報復措置」と位置づけられていた。しかしながら、いくつかの部隊に延期の指示が届かない状況は避けられなかった。最大の打撃を与えた午前の攻撃は、ヨハネス・フィンク（Johannes Fink）大佐の第２爆撃航空団であった。彼は74機のDO 17Zにテムズ川河口のシェッピー島にあるイーストチャーチ空軍基地とシェアーネス海軍基地を爆撃させた。

雲の下（ほぼ全域がレーダー覆域）に降下し、ドイツ空軍の低空飛行の熟練者は海岸を通過したことを確認した一方で、悪天候が監視部隊による効果的なドイツ軍機の追跡を妨げていた。遅れて警報を受けたパークは5個飛行隊を緊急発進させ、これらの要撃機は雲上へと上昇したが、44機のドルニエは迎撃されることなくシェアーネスを、他の30機（第2爆撃航空団第Ⅲ飛行隊）は2波に分けてイーストチャーチを攻撃した。わずか1,500フィートの高度から100発以上の爆弾を投下した奇襲により兵舎が倒壊して16人が死亡、48人が負傷し、全ての格納庫が損害を受け、第266飛行隊の全ての弾薬とスピットファイア1機のほか5機の沿岸司令部（第53飛行隊）のブレナムⅣ偵察爆撃機が破壊された。遅れて到着した第111と第115飛行隊が、離脱しようとしているドルニエのうち5機を撃墜した。

典型的なCHレーダー局。左側は送信用空中線を支えるマスト。マストは基本となる方向に沿って一列に並んでいる。右側は全ての受信用空中線であり、正方形の無線方位測定器のパターンで配置された4つの高さ240フィートの木製タワーに張られている。（IWM CH 15173）

沿岸監視所。電波レーダーが使用不能になった際は、通常、「襲撃来襲(raid inbound)」の第1報として位置、機数、侵攻方向及び高度の情報を伝えていた。(NARA)

最終的な「撃滅報復措置」は正午過ぎに開始された。シュペルレはボスコムダウン、ワーシーダウンとアンドーバーの飛行場に指向する58機のJu88（第1教導航空団第Ⅰ、第Ⅱ飛行隊）と、ワームウェルとヨービルに指向する52機のスツーカ（第1急降下爆撃航空団第Ⅰ飛行隊と第2急降下爆撃航空団第Ⅱ飛行隊）からなる40マイル幅の強大な編隊を送り込み、これにケッセルリンクがロチェスターとデットリンクの飛行場に指向したスツーカの攻撃編隊が続いた。ワース・マトラヴァーズに配備した新型の小型、短距離レーダー局から警報を受けたブランドとパークは、8個飛行隊の77機の戦闘機を緊急発進させた。天候に阻まれてほとんどの飛行場を計画どおりに攻撃できなかったため、第1教導航空団第Ⅰ飛行隊は代わりにサウサンプトンを爆撃した。これらの探知が遅れたことは、サウサンプトンの港湾部と住宅地での重大な損害と民間人の犠牲を招いたが、ようやく要撃機が交戦して6機のユンカースを撃墜した。低速のスツーカは、「エミール」が燃料不足により帰投していたため護衛の戦闘機（第53戦闘航空団第Ⅱ飛行隊）が全くいなかった。間もなく第609飛行隊のスピットファイアが交戦して6機を撃墜したが、21機の生き残りが反転してポートランドを爆撃した。第2急降下爆撃航空団第Ⅱ飛行隊の25機のスツーカは、高度3,000フィートの雲に覆われたヨービルを発見できなかったが、迎撃されることなくポートランドを爆撃した。

その後も、第2航空艦隊は約1時間にわたり襲撃を続けたが、低高度の雲に覆われていたため、ほとんどの攻撃機は目標を発見することができなかった。アシカ作戦を実行可能にするための攻撃では、17:16に第1教導航空団第Ⅳ飛行隊（急降下爆撃）がデットリングを攻撃し、3ヶ所の基地食堂を破壊して基地司令を含む78人を死亡させたほか、作戦区画を破壊し、誘導路と駐機場に穴を空け、22機の沿岸警備隊のアブロ・アンソン海上偵察機（第500飛行隊）を破壊した。脆弱なスツーカは、適切なタイミングでの第26戦闘航空団による戦闘機掃討と、第26駆逐航空団が効果的に迎撃を阻止したことにより、まったく損害を受けなかった。

全体として、ドイツ空軍は1,484ソーティ（訳者注：飛行回数(のべ数)）を実施し、42機を失い89名のパイロットと搭乗員が死亡又は捕虜になるという大きな損失を出した。一方、イギリス空軍は飛行場への攻撃で戦闘機1機を含む合計47機を破壊され、13機を空中戦で失い、パイロットは3人が死亡、2名が重傷を負った。

「鷲の日」が悪天候のため期待外れに終わったことに引き続き、しつこい曇り空がドイツ空軍の作戦を停滞させ、翌日には91機の爆撃機と398機の戦闘機のみが出撃した。第210試験飛行隊はマンストンへの攻撃に成功し、4ヶ所の格納庫と3機のブレナムⅣ（第600飛行隊）を破壊した。この間、第27、第53と第55爆撃航空団は8ヶ所の飛行場に小規模な攻撃をして小さな損傷を与えた。ミドル・ウォロップへの攻撃では、複数の格納庫と第600

飛行隊の庁舎を爆撃できたが、第55爆撃航空団司令のアロイス・ストックル（Alois Stoeckl）大佐と第8航空管区参謀長（COS）（訳者注：航空管区(Luftgau)は、戦局に即応する航空艦隊の機動展開を助け、さらに航空艦隊に作戦運用に専念させるため、作戦の要求に伴う各飛行部隊の航空艦隊間の迅速な移動を援助するために設立された、飛行場と整備支援部隊、生活支援部隊からなる組織のこと）のヴァルター・フランク（Walter Frank）大佐が搭乗するHe 111が撃墜され、両名とも死亡した。これに加えて様々な自由掃討とスツーカによる海峡の船舶への攻撃は、さらなる空中戦を招いた。「鷲の日」の最初の3日間で、イギリス空軍は36機のスピットファイアとハリケーンを失い、ドイツ空軍は26機の「エミール」を失った。

◎チェーン・ホーム・レーダー・サイトへの攻撃

翌日に計画されている「鷲の日」の大規模な攻撃を「可能にする」ために、第2と第3航空艦隊は、5ヶ所のチェーン・ホーム・レーダー・サイトを破壊しようとした。このうち4ヶ所は、第２航空艦隊の担任区域にあり、その多くがケントとサセックスの沿岸部に所在していた。ケッセルリンクは、この任務を新配備された戦闘爆撃機の実験部隊である第210試験飛行隊に付与した。この部隊は、イギリス海峡で艦船に対する効果的な急降下爆撃を行っていた。編隊長であるヴァルター・ルーベンスドルファー大尉は、編隊を率いてカンタベリー近傍にあるダンコーのCH局を攻撃し、第1編隊（Bf 110C-6）がペベンジーを、第2編隊（Bf 110D-0）がライを攻撃した。また、オットー・ヒンツェ（Otto Hinze）中尉の第3編隊が8機のBf 109E-4/Bでドーバー付近のスウィンゲートのCHサイトを攻撃した。

イギリス空軍を混乱させるために変針してイギリス沿岸部と並行に西進した後、4機編隊が分離して攻撃目標へと向かうために北上した。この戦術により、第3編隊はスウィンゲートのCHレーダーが伝達している「帯」の背後に位置し、ライのCHレーダーに対して直角をなしたため、両方のレーダーから発見されなかった。ドーバー海峡を防護するバルーン弾幕と対空砲を回避するため、ヒンツェは編隊にラングドン湾を通過させ、港の東部で個々の攻撃機に4ヶ所の350フィートのチェーン・ホーム空中線マストを

SC 250（250kg／551ポンド）通常爆弾で攻撃させた。爆撃後、ヒンツェは右に急旋回して編隊を立て直し、僚機が爆撃している間、イギリス空軍戦闘機を警戒した。第3波の攻撃は、アウグスト・ヴィインク（August Wing）中尉の「Yellow 3」が行った。

8機の戦闘爆撃機による爆撃は、ほぼ正確に行われたが、爆風は鉄格子マストを倒壊させられなかった。ただし、幾分かはマストに損傷を与え、複合施設内のいくつかの小屋を破壊した。しかしながら、送受信部と比較的防護が薄かったレーダー受信をプロットする「監視所」は無傷であった。AMES Mk Iレーダーは、午後の早い時間の内に修復された。

「鷲攻撃」フェーズⅠ：8月15日～18日

別命が下されるまで、それぞれの航空艦隊に割り当てられた敵の航空機産業の目標を含め、敵の空軍に対してのみ作戦を行う。夜間攻撃は、可能な場合、敵空軍の目標に対して行う。

ヘルマン・ゲーリング、カリンハル会議における
ドイツ空軍総司令部参謀への演説（6段落）
1940年8月15日

8月14日の攻撃のほとんどを不可能にした悪天候は、その後も続くと予想された。このため、ゲーリングは、カリンハルで司令官達との会議を開催した。これが「鷲の日」を誤らせたことが、後々明らかになる。ケッセルリンクとシュペルレのほか航空軍団長達が不在にも拘わらず、その後の「鷲の日」における爆撃作戦のパターンを変更するような形で、作戦計画は実行に移された。この時にのみ、ハンス=ユルゲン・シュトゥンプフ大将のスカンジナビアを拠点とする第5航空艦隊も加えられた。3日間の戦闘の後、ドイツ空軍の計画立案者達は、ダウディングが北部の飛行部隊を展開させてパークとブランドを強化し、ミッドランドを攻撃に対して無防

8月のあいだ、そして9月に入っても、広がる雲が目標を覆い隠したため、しばしば大規模な攻撃作戦を中止せねばならなかった。(NARA)

8月15日に「鷲攻撃」に合流した第5航空艦隊は、イングランド北部にある爆撃司令部を攻撃するため、ノルウェーを拠点とする第26爆撃航空団から63機のHe111を出撃させた。(IWM HU 93724)

備にするものと期待したが、コストのかかる推測であったことが証明された。

ゲーリングが部下指揮官達を「鷲の日」の作戦で戦果が低かったとして叱責している間に、急速に天候が回復した。第2航空軍団参謀長のポール・ダイヒマン(Paul Deichmann)大佐は、団長が不在の中で攻撃計画を発動した。ホーキング、ラインプネとマンストンを再び攻撃する第1波は、北部で作戦を行う第5航空艦隊からイギリス空軍の戦闘機軍団の注意をそらすことを目的としていたので、シュトゥンプフ大佐が率いるHe 111(第26爆撃航空団)とJu 88(第30爆撃航空団)も出撃した。

オールボー及びスタヴァンゲル基地から10:30に出撃した爆撃機の編隊は、450マイル先で所要飛行時間が2時間半の場所にあるリントン=オン=ウーズ、ディッシュフォースとドリフフィールドのイギリス空軍基地を爆撃しに向かった。これらの基地は、アームストロング・ホイットワース・ホイットレイ双発中型爆撃機を配備する第4飛行群の6個飛行隊の母基地であった。シュトゥンプフの爆撃機部隊が離陸し終えると、第2航空軍団は2個飛行隊のスツーカを出撃させてBf 110を最右翼とした幅広い横隊で飛行させ、3個の戦闘機の飛行隊（第26戦闘航空団第Ⅱ、第Ⅲ飛行隊と第51戦闘航空団第Ⅱ飛行隊）に前方及び上空で援護させた。

ライとスウィンゲートのCH局が11:00に巨大な、幅広い正体不明のレーダー反射を受信すると、D方面（セクター）の管制官はアシュフォードとドーバーの間の沿岸部から内陸部を2個飛行隊で警戒させるとともに、さらに3個飛行隊に内陸部に沿って警戒させて、その間に幅広いレーダー反射波が個別の襲撃部隊として捕捉できるようになるのを待った。この優柔不断な行動のため、16機のスツーカ（第1教導航空団第Ⅳ飛行隊(急降下爆撃)）が何の妨害も受けずにホーキング上空まで到達した。これらのスツーカは、イギリス空軍の要撃機が到達したときには急降下爆撃を行っていた。この爆撃により1つの格納庫が破壊され、1つの兵舎が損壊した。また、ライとスウィンゲート向けの電力ケーブルが切断されたため、これらのレーダーは、ほぼ丸1日にわたり運用不能となった。また、約26機のJu 87（第1急降下爆撃航空団第Ⅱ飛行隊）がラインプネを強襲し、その後の2日日間にわたり運用不能にした。さらに、12機の駆逐機（Bf 110）が激しくマンストンを攻撃して2機のスピットファイア（第54飛行隊）を破壊し、16人を死傷させた。

この日の第2航空艦隊による大規模攻撃の主力は、13:50～14:06にベルギーの飛行場を離陸した、ヴォルフガング・フォン・シャミエ・グリシンスキー（Wolfgang von Chamier-Glisczinski）大佐が率いる第3爆撃航空団の88機のDo 17Zであった。この攻撃部隊がパ・ド・カレーを通過したとき、東沿岸部のCH局が巨大な、幅広いレーダー反射を捕らえた。しかし、援護機であった第51、第52と第54戦闘航空団の130機のBf 109の一群が爆撃機前方の電波帯に上昇してドルニエを効果的に隠したため、錯綜したレーダー情報がベントレー・プライオリーのフィルター・ルーム（防空指令所）にもたらされた。このほか60機のBf 109E（第26戦闘航空団第Ⅱ、第Ⅲ飛行隊）が高度21,000フィートで、かつ高速で海峡を通過してドーバーの両側で自由掃討を行い、第210試験飛行隊はハリッチへの北上を隠すために大編隊で飛行した。3ヶ所で空中哨戒していた合計24機のハリケーンと12機のスピットファイアが接近してくる攻撃部隊の集団に指向され、さらに4

個飛行隊が緊急発進した。ドイツ空軍は援護機が突破を阻止し、ドルニエはロチェスターとイーストチャーチへの攻撃に成功した。ロチェスターでは、ショート・ブラザーズ航空機工場に約300発の爆弾を投下した。

この間、第210試験飛行隊の16機のBf 110と8機のBf 109戦闘爆撃機が、東岸のCHレーダーに探知されることなく、低空飛行でケント沿岸周辺部を通過し、テムズ川の河口からハリッジを目指した。この一群をウォルトン＝オン＝ザ＝ネーズのCHLレーダーが沖合18マイル、陸地まで4分の地点で探知したが、Bf 109は迎撃を受けることなくマートルシャムを攻撃し、2個の格納庫と1ヶ所の作業場、そして第25飛行隊の補給所を破壊した。これにより基地は48時間にわたり運用不能となった。ノースホルトから出撃した9機のハリケーン（第1飛行隊）が離脱中のBf 110を要撃したが、爆撃を終えたBf 109が交戦して3機を撃墜した。Bf 109の損耗はなかった。

第3航空艦隊は、第10飛行群の担任区域内の飛行場を集中攻撃した。27機のJu 88（第1教導航空団第Ⅰ、第Ⅱ飛行隊）が15:15〜15:30の間に離陸し、その後16:00に47機のスツーカ（第1急降下爆撃航空団第Ⅰ飛行隊と第2急降下爆撃航空団第Ⅱ飛行隊）が続いてアンドーバー、ワーシーダウンとウォームウェルの攻撃に向かった。120機のBf 109（第2、第27と第53戦闘航空団）と50機のBf 110（第1教導航空団第Ⅴ飛行隊(駆逐機)、第2駆逐航空団第Ⅱ飛行隊と第76駆逐航空団第Ⅲ飛行隊）に厳重に援護された2個の大編隊を、17:00に南西沿岸部の能力が低下したCHレーダーが捕らえた。ブランドはセント・エバルからハリケーン2個飛行隊（第87、第213飛行隊）と14機のスピットファイア（第234飛行隊）を緊急発進させた。スピットファイアは援護機のBf 109と交戦したが、4対1の劣勢であり、程なくして制圧されてしまった。激しいハリケーンの攻撃を受けながら、スツーカは逆戻りして17:30にポートランドを爆撃した。より高速のJu 88は、ハリケーン（第43、第249と第601飛行隊）とスピットファイア（第609飛行隊）による防空を突破し、半数がミドル・ウォロップを、残りがワーシーダウンとオディハムを攻撃した。中高度での水平飛行による爆撃は正確性に欠けており、ハリケーンに5機が撃墜されたことを含めて損失が大きかった。

1時間後、ケッセルリンクはドーバー、ライ及びフォアネスのレーダー局とホーキングを爆撃するため、4個の戦闘飛行隊に援護されたHe 111（第1爆撃航空団）とDo 17（第2爆撃航空団）の編隊を出撃させたが、ほとんど損害を与えられなかった。このような散発的な襲撃が行われている中、ルーベンスドルファーの第210試験飛行隊は、北方からケンリー方面指揮所を攻撃するためロンドンに接近していた。ところが、彼の15機のBf 110

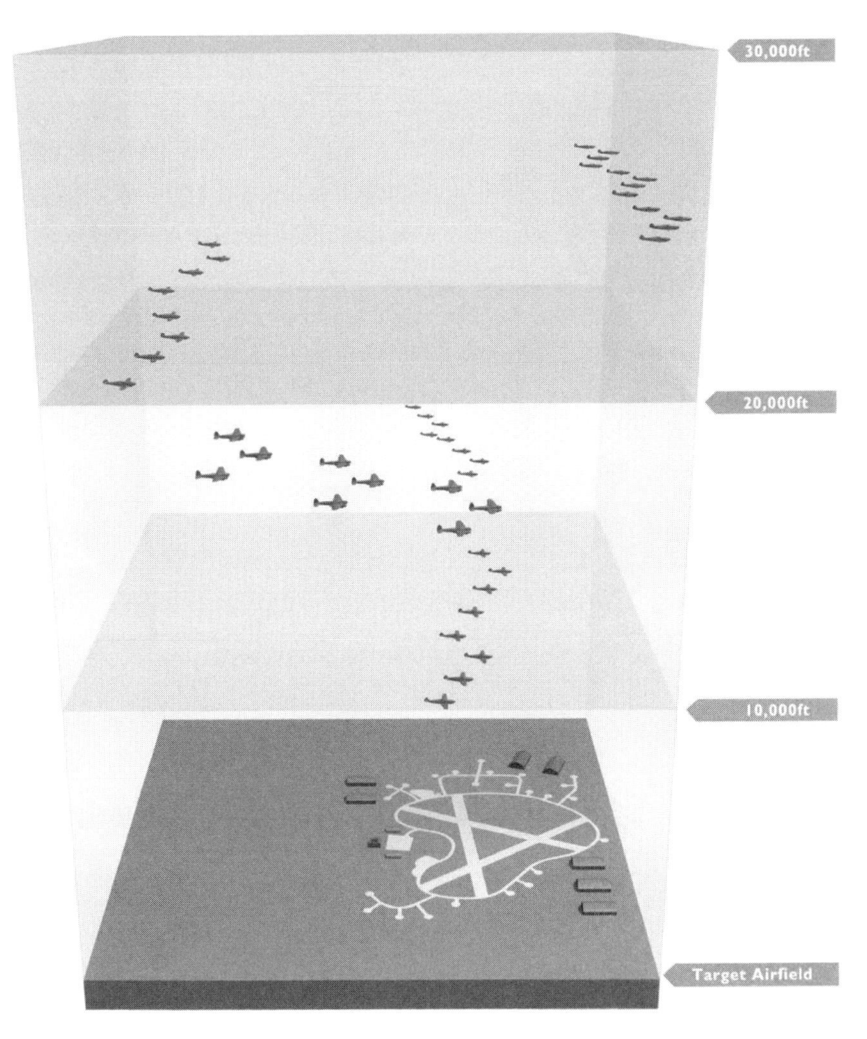

◎ドイツ空軍のミッション構成

当初、ドイツ空軍のドクトリンによれば、爆撃機の航空団（3個の爆撃飛行隊が、通常、それぞれ18機の爆撃機を配備）それぞれを1個の戦闘飛行隊が護衛することとなっていた。この場合、戦闘飛行隊の1つが戦闘機と爆撃機の複合編隊の前方で敵を掃討し、他の1個の戦闘飛行隊が爆撃機の側面に位置して直接援護していた。

敵を掃討する戦闘機群は高度20,000フィート以上で飛行し、交戦時におけるBf 109Eの速度は、通常、時速300マイルであった。また、戦闘機は発見した敵の要撃機と自由に交戦した。援護機である戦闘機群は、爆撃機の直近で、少し上空の側方を飛行したが、爆撃機と飛行速度を合わせなければならなかった。飛行速度は時速190マイルで、通常、要撃機が攻撃を仕掛けるか、その兆候を示すまで交戦することを認められていなかった。

切り離しができない外部燃料タンク「ダックスフントの腹」を増装したBf 110D。1,050リットル（231ガロン）の燃料タンクにより、このタイプは800マイル以上の行動半径を得たが、後方の射撃手が犠牲になると、もともと機動性が低いために戦闘機というよりは（敵の）標的となった。
（Private Collection）

と8機のBf 109は、誤ってイギリス空軍の第111飛行隊の補助飛行場であったロンドンのクロイドン空港を爆撃した。爆弾はターミナルと格納庫に命中したほか、航空機のエンジンや通信機器と部品の工場の近傍に着弾した。

第111飛行隊は爆撃される直前に緊急発進して迅速に迎撃し、6機のBf 110を撃墜した。その中には、ルーベンスドルファー本人と彼の飛行参謀の全員が含まれていた。

このような痛手にも拘らず、第2と第3航空艦隊は、この日の合計1,950ソーティという、イギリス本土作戦における最大のソーティ数をもって著しい戦果を挙げた。10ヶ所の航空基地を攻撃して、そのうち2ヶ所を2日間にわたって運用不能とし、28機の戦闘機を破壊し、19名のパイロットを捕縛、殺傷した。ドイツ側は、7機の戦闘機に加えて、12機の駆逐機、11機の爆撃機、7機のスツーカ、4機のBf 109をイギリス南部上空で失った。エミールの要撃機に対する撃墜率は、5.5対1であった。

しかしながら、白昼に行われた第5航空艦隊によるイギリス北部の目標に対する襲撃は悲惨なものであり、「集計」的にイギリス空軍の優勢に終わった。スタヴァンゲルからは、63機のHe 111（第26爆撃航空団第Ⅰ、第Ⅲ飛行隊）と援護機である21機のBf 110D-1/R1（第76駆逐航空団第Ⅰ飛行隊）が出撃した。12:05にファイフのアンストラザーに位置するCHレーダーが、ノーサンバーランド沿岸に接近するロベルト・フォックス（Robert Fuch）大佐の編隊を探知すると、第13飛行群司令部のソール（Saul）少将の指揮下にある戦闘機の管制官は、果敢に全戦闘機を出撃させて接近する侵攻部隊を迎え撃った。洋上で11機のスピットファイア（第72飛行隊）に要撃され、たちまち援護機は防勢に追い込まれて7機が撃墜された。その直後、18機のハリケーン（第79、第605飛行隊）がハインケルらを攻撃して蹴散らした。ハインケルの一部は、ニューカッスル・アポン・タインとサンダー

Bf 109E-4/B戦闘爆撃機は、2発のSC 50（110ポンド）又は1発のSC250（551ポンド）爆弾を搭載し、45度の急降下爆撃で比較的正確に投下できた。爆撃後、あるいは攻撃を受けて爆装投棄した後は、本来の戦闘機としての役割を果たした。（Private Collection）

「鷲攻撃」フェーズⅠ　1940年8月15日の大規模な攻撃

Adlerangriff (Eagle Attack) phase I

The main attack, 15 August 1940

Boscombe Down
Middle Wallop
Worthy Down
Tangmere

EVENTS

1. 1530–1545hrs: following morning Stuka and Zerstörer raids that devastate Hawkinge, Lympne and Manston with little loss, Luftflotte 2 launches a large strike with 88 Do 17Zs (KG 3), escorted by 130 Bf 109s (JG 51, JG 52, JG 54) with 60 more (II. and III./JG 26) sweeping ahead of the large, wide formation. No. 11 Group responds with seven squadrons, three of which (17, 32 and 64 Sqns) are engaged by the Bf 109s and lose two Hurricanes and two Spitfires to two Bf 109s (JG 51) shot down.
2. 1545–1550hrs: losing only two Do 17s (6./KG 3) to RAF interceptors, KG 3 strike Eastchurch (III. Gruppe) and Rochester (I. and II. Gruppen) airfields and the Short Brothers Stirling bomber factory at the latter. The airfields are devastated and Stirling production is disrupted, reducing deliveries for the next three months.
3. 1510hrs: under cover of KG 3's large raid, ErprGr 210 flies north from Calais, at low level over open seas, to attack Martlesham Heath, a satellite field for No. 17 Squadron. Alerted late by a nearby Chain Home Low radar, that squadron scrambles one section and No. 12 Group sends 12 Spitfires (19 Sqn), but the only unit to make contact are nine Hurricanes (1 Sqn), which lose three to the Bf 109 'Jabos', and fail to score.
4. 1730–1750hrs: Luftflotte 3 launches two major raids, simultaneously striking Portland naval base and airfields in No. 10 Group's Y-Sector. While 47 Stukas (I./StG 1 and II./StG 2) dive-bomb docks, barracks and oil storage facilities at Portland (not shown), 27 Ju 88s (I. and II./LG 1), escorted by 40 Bf 110s (II./ZG 2 and II./ZG 76) and 60 Bf 109s (JG 2), penetrate inland near Portsmouth, forcing their way through defending Hurricanes (43, 249, and 601 Sqns) and Spitfires (609 Sqn). The Bf 109 escorts return to base early due to fuel limitations and the bomber formation splits, half bombing Middle Wallop while the others hit Worthy Down and Odiham. Bombing destroys three Blenheim IFs (604 Sqn) at Middle Wallop, but losses are heavy with five Ju 88s falling to Hurricanes (601 Sqn) and two more failing to return.
5. 1830–1850hrs: attempting to exploit Park's disrupted fighter defence, behind a large 'Freie Jagd' sweep (JG 26) Luftflotte 2 sends Staffel-strength formations of He 111s (KG 1) and Do 17s (KG 2) that hit West Malling (by mistake) and Hawkinge and the radar stations at Dover, Rye, and Foreness. Little damage is done but no losses are incurred. The sweep engages Hurricanes (151 Sqn), shooting down three for no loss.
6. 1850–1900hrs: under the cover of the late afternoon raids, ErprGr 210 crosses the coast at Dungeness, heading north-west towards London to attack the Kenley sector station. Approaching the city's suburbs, they turn left and commence a diving attack, mistakenly, on Croydon Airport, a satellite field for No. 111 Squadron. No. 111 Squadron has just scrambled and quickly intercepts the raiders, shooting down seven 'Jabos' for no loss.

ドイツ空軍の部隊●

第3航空艦隊:

1. 第1教導航空団第1飛行群と第2飛行群(I.&II./LG 1)(オルレアン=ブリシーから出撃)
2. 第2戦闘航空団(JG 2)(ベルネー、オクトヴィル、ボーモン=ル=ロジェから出撃)
3. 第2駆逐航空団第2飛行群(II./ZG 2)と第76駆逐航空団第2飛行群(II./ZG 76)(パリとアミアンから出撃)

第2航空艦隊:

4. 第1爆撃航空団(KG 1)(アミアン地域から出撃)
5. 第2爆撃航空団(KG 2)(アラスとカンブレーから出撃)
6. 第3爆撃航空団(KG 3)(アントウェルペンとブリュッセルから出撃)
7. 第26戦闘航空団第2飛行群と第3飛行群(II.&III./JG 26)(爆撃機に同行する対戦闘機掃討任務機)
8. 第51戦闘航空団(JG 51)
9. 第52戦闘航空団(JG 52)
10. 第54戦闘航空団(JG 54)
11. 第210高速爆撃航空団(ErprGr 210)—第1波
12. 第210高速爆撃航空団(ErprGr 210)—第2波
13. 第76駆逐航空団第1飛行群(I./ZG 76)(サントメールから出撃)

記号

イギリス空軍実験施設タイプ1(長距離)「チェーン・ホーム」早期警戒レーダー局

イギリス空軍方面指揮所

航空基地

（→口絵参照）　　　※地図中の「EVENTS」の和訳は96頁参照

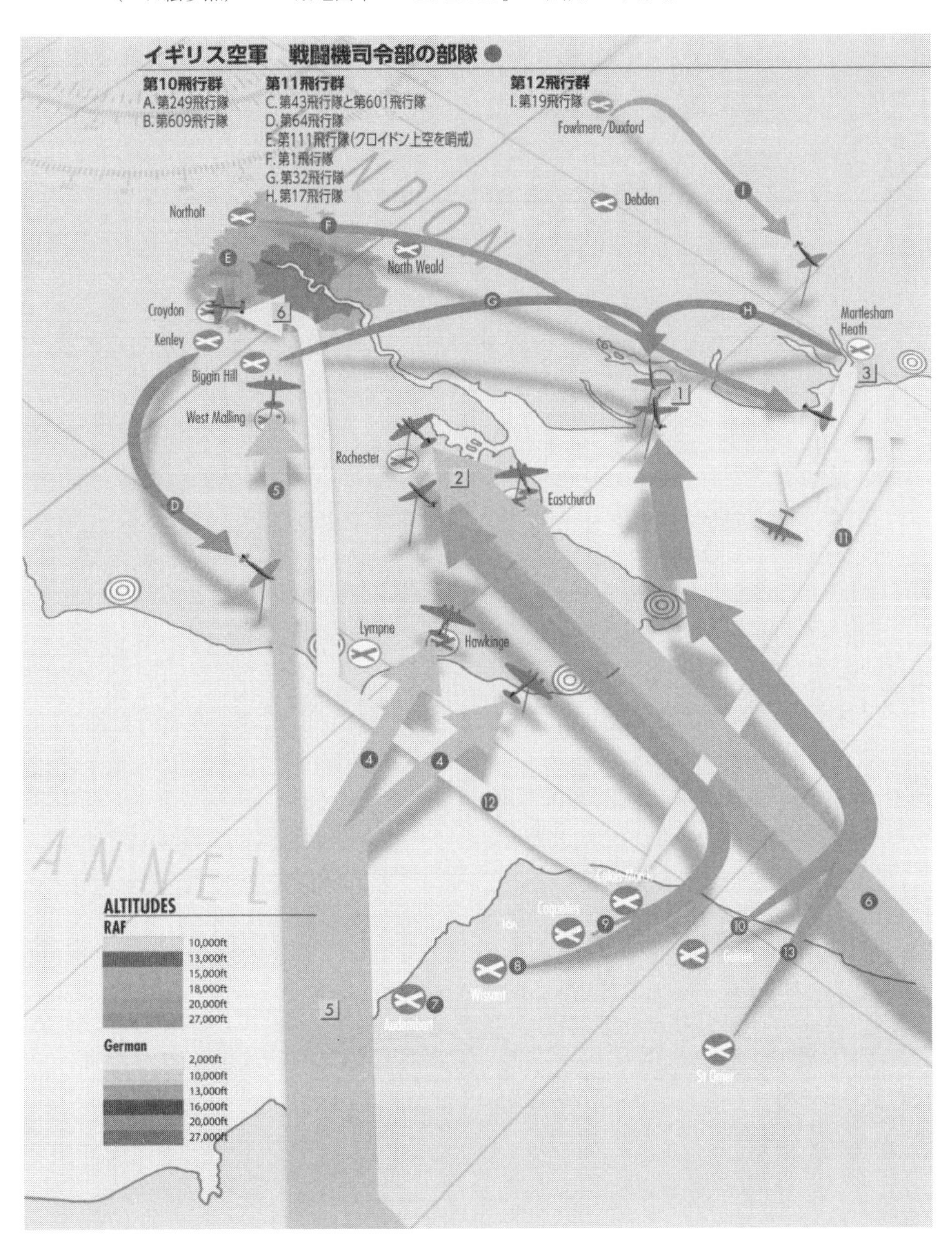

■94頁図中の「出来事」(EVENTS)

1. 15:30-15:45

午前中にスツーカと駆逐機が、ほぼ無傷でホーキング、ラインプネ及びマンストンを攻撃したのに引き続き、第2航空艦隊は88機のDo 17Z(第3爆撃航空団)を130機のBf 109(第51、第52と第54戦闘航空団)が援護する大編隊を出撃させ、その前方を60機以上のBf 109(第26戦闘航空団第Ⅱ、第Ⅲ飛行隊)で幅広く露払いさせた。イギリス空軍の第11飛行群は7個飛行隊で迎撃し、このうち3個飛行隊(第17、第32と第64飛行隊)がBf 109と交戦し、2機のBf 109を撃墜したが、ハリケーンとスピットファイアそれぞれ2機が撃墜された。

2. 15:45-15:50

イギリス空軍の要撃により2機のDo 17(第3爆撃航空団第Ⅵ飛行隊)を失いながらも、第3爆撃航空団がイーストチャーチ(第Ⅲ飛行隊)及びロチェスター(第Ⅰ、第Ⅱ飛行隊)の飛行場を攻撃し、壊滅させた。また、ショート・ブラザーズのスターリング爆撃機工場も攻撃し、スターリングの生産は中断されることになったため、この攻撃以降3ヶ月にわたりイギリス空軍の爆撃機の調達数が低下した。

3. 15:10

第3爆撃航空団が大規模に侵攻している中、第210試験飛行隊は、マートルシャム・ヒースの第17飛行隊の補助飛行場を攻撃するため、カレーから低高度で洋上を北上した。近傍のチェーン・ホーム低空用レーダーが接近してくる編隊を補足し、イギリス空軍の第12飛行群が12機のスピットファイア(第19飛行隊)を緊急発進させて指向した。しかしながら、侵攻してくる大編隊に会敵できたのは9機のハリケーン(第1飛行隊)のみであり、Bf 109「戦闘爆撃機」によって3機が撃墜され、ドイツ軍機を撃ち落とすことはできなかった。

4. 17:30-17:50

ドイツ空軍の第3航空艦隊は、ポートランドの海軍基地とYセクターの第10飛行群の飛行場を同時攻撃するため、2つの大編隊を出撃させた。47機のスツーカ(第1急降下爆撃航空団第Ⅰ飛行隊と第2急降下爆撃航空団第Ⅱ飛行隊)がポートランドのドック、兵舎と貯油施設を急降下爆撃した(図には非掲載)。また、40機のBf 110(第2駆逐航空団第Ⅱ飛行隊と第76駆逐航空団第Ⅱ飛行隊)と60機のBf 109(第2戦闘航空団)に援護された27機のJu 88(第1教導航空団第Ⅰ、第Ⅱ飛行隊)が、経路上でハリケーン(第43、第249と第601飛行隊)とスピットファイア(第609飛行隊)に遭遇したが、ポーツマス近傍の内陸部にまで侵攻した。援護機のBf 109

は燃料が尽きたため早々と母基地に引き返し、爆撃機の編隊は分離して半分がミドル・ウォロップ、もう半分がワーシーダウンとオディハムを爆撃した。この爆撃によりミドル・ウォロップで3機のブレニムIF（第604飛行隊）が破壊された。しかしながら、ドイツ側の損害も大きく、ハリケーン（第601飛行隊）により5機のJu 88が撃墜され、さらに2機が帰投できなかった。

5. 18:30-18:50
パークの戦闘機による防空が混乱していることを活かし、第26戦闘航空団による大規模な自由掃討の背後で、第2航空隊はHe 111（第1爆撃航空団）とDo 17（第2爆撃航空団）の編隊を出撃させてウェスト・マリング、ホーキング、ドーバー、ライとフォアネスのレーダー局を攻撃した（ウェスト・マリングは誤爆）。この攻撃ではイギリス側にほとんど被害を与えられなかったドイツ側にも損失はなかった。ドイツ軍機は戦闘機掃討でハリケーン（第151飛行隊）と交戦し、味方機を失うことなく3機を撃墜した。

6. 18:50-19:00
午後の遅い時間帯の侵攻に紛れて、第210試験飛行隊が通峡してダンジネスから北西進し、ケンリーの方面指揮所を攻撃するためにロンドンを目指した。ロンドン市郊外に接近すると、第210試験飛行隊は左旋回し、誤って第111飛行隊の補助飛行場であったクロイドン飛行場を急降下爆撃した。第111飛行隊は、爆撃を受ける直前に緊急発進して迎撃し、7機のドイツ軍の戦闘爆撃機を撃墜した。イギリス軍機の損失はなかった。

ランドの第2目標を爆撃したが、離脱する間に、さらに来援した13機のスピットファイア（第41飛行隊）に要撃された。全体として第26爆撃航空団は8機のHe 111を失った。イギリス空軍は1機のハリケーンが爆撃機からの銃撃で大きな損傷を受け、胴体着陸を行った。

サンダーランドに爆弾が投下された時、第12飛行群のスタクストンのCHレーダーが、明らかにチャーチ・フェントンに向かっている第2波の侵攻部隊を捕えた。この侵攻部隊は、第30爆撃航空団駆逐飛行隊に所属する27機のJu 88A爆撃機と13機のJu 88C駆逐機で編成されていた。第30爆撃航空団駆逐飛行隊は、戦闘飛行隊として組織された重戦闘機の飛行隊である。しかしながら、爆撃部隊がルール地方に対して徐々に攻撃の規模を拡

ドイツ空軍が最優先した戦術の1つは、イギリス空軍の要撃機が地上で燃料を再装填している間に爆撃するというものであった。イギリス空軍の戦闘機軍団の効果的な警報システムにより、この戦術が成功したのは8月18日の第52戦闘航空団第Ⅰ飛行隊によるマンストンの第266飛行隊に対する攻撃のみであった。この攻撃により、2機の戦闘機が破壊され、6機以上が大破した。(Tom Laemlein)

チェーン・ホーム受信防護施設の内部。左側は受信設備。右側が監視所との通信コンソール。幸いなことに、ドイツ空軍の攻撃に際してCH防護施設には全く爆弾が命中しなかった。(NARA)

大し、被害が広がりつつあったことから、ドイツ空軍総司令部はメンヒェングラートバッハに新設する夜間戦闘航空団に多数の駆逐機を集中配備するよう指示した。それ故に、6月8日にノルウェーでの作戦が成功すると、この飛行隊のパイロットとクルーは夜間戦闘機の訓練のためにドイツに移動し、これまで搭乗していたJu 88CからBf 110Dに機種転換して親部隊となる航空軍団の2つの飛行隊に振り分けられた。

リー・マロリー少将は、思い切って暫定的な措置をとった。チャーチ・フェントンの上空で「基地防衛のための戦闘空中哨戒（Base CAP）」（訳者注：CAP（戦闘空中哨戒）とは、事前にある程度の要撃機を敵の侵攻が予想される空域に待機させておくこと）を行い、反撃部隊（第264飛行隊）にハルから出撃する28機の編隊を援護するように命令するとともに、18機の戦闘機（第73、第616飛行隊）に来襲する爆撃機を迎撃させた。その結果、第30爆撃航空団は、ドリフフィールドを攻撃して4ヶ所の格納庫と12機のホイットレーを破壊し、更に6機（第77、第102飛行隊）に損傷を与えた。攻撃の間、失われた爆撃機は2機のみであったが、5機の駆逐機が撃墜されたほか、2機が大きく損傷して帰投時に墜落あるいは胴体着陸した。その後、第5航空艦隊は本作戦における昼間爆撃には全く参加できなかった。

1940年8月15日に撃墜された第26爆撃航空団の8機の爆撃機のうちの1機であるHe 111H-4 1H+FS（1H+FSとは、この機体の固有識別番号）。搭乗員の5名は無事救助された。

(Chris Goss)

8月16日

翌日のドイツ空軍の作戦も同じパターンで続けられた。ケッセルリンクは、10:30に3個の小規模な襲撃部隊を出撃させてパークが防空部隊を緊急発進させるように仕向け、その1時間半後に大規模な攻撃部隊を出撃させることで母基地に帰投して給油あるいは再武装している戦闘機を攻撃しようとした。パークの管制官は、これら3個編隊が陽動であると判断し、方面を限定して（3機編隊で）対応したが要撃できなかった。その結果、フェイントの1つ（第2爆撃航空団第Ⅲ飛行隊）がウェスト・マリングまで迎撃されることなく飛行し、80発の爆弾を投下して飛行場を4日間にわたり運用不能にした。
　ちょうど計画どおり、南東部のCHレーダーが11:45にパ・ド・カレーから約300機の大編隊が接近していると報告した。そのうち24機のDo 17からなる1個飛行隊（第2爆撃航空団第Ⅱ飛行隊）はケントに渡り、テムズ川河口からホーンチャーチ方面指揮所に向かった。ドルニエは、第54飛行隊の迎撃を受けたものの1機も撃墜されなかったが、北から流れてくる雲のため攻撃目標を特定することができなかった。この間に、ドーバー海峡付近の沿岸を越えた大規模な約150機（第1爆撃航空団第Ⅱ飛行隊、第2爆撃航空団第Ⅰ飛行隊、第53爆撃航空団第Ⅲ飛行隊と第76爆撃航空団第Ⅲ飛行隊）からなる侵攻部隊は、51機の戦闘機（第32、第64、第65、第111と第266飛行隊）による迎撃を受けた。ドイツ軍の援護戦闘機は爆撃機を守り切ったが、爆撃機は雲のためダックスフォード、デブドン、ホーンチャーチとノース・ウィールドの目標を発見できなかった。このため、爆撃機は運に任せて爆弾を投下し、様々な駅舎、ティルベリーの波止場、グレーブセンドとハーウェルの飛行場、ファーンバラの空軍工廠を攻撃した。
　今ではお馴染みとなった「ワン・ツー・パンチ」パターンでシュペルレが出撃させた攻撃本隊は、12:30に海峡を渡った。この編隊では、Ju 87（第2急降下爆撃航空団）とBf 109（第27戦闘航空団第Ⅱ飛行隊）が前方に、より高速のJu 88（第54爆撃航空団）とBf 110（第76駆逐航空団第Ⅱ飛行隊）が後方に位置していた。ブランド少将は4個飛行隊（第152、第213、第234と第249飛行隊）を指向し、さらにパークが4個飛行隊（第1、第43、第601と第602飛行中隊）を緊急発進させた。侵攻部隊はワイト島上空で合流すると、その直後に4個の攻撃グループに分かれた。スツーカ（第2急降下爆撃航空団第Ⅰ、第Ⅱ飛行隊）の多くはタングミアへ直進して急降下爆撃を行った。全ての格納庫、作業施設、補給倉庫、水道設備と車両輸送セクションが爆撃され、破壊は広範囲に及んだ。要撃戦闘機である7機のブレンヘイムのうち5機のほか、修理中であった1機のスピットファイアと7機のハリケーンが破壊された。20名の死者と41名の負傷者を含む犠牲者が出た。第43飛行隊のハリケーンは離陸後の低空から上昇中であったため、急降下攻撃するJu 87の格好の目標となり、すぐさま7機が撃墜された。

この間、5機のスツーカが22発の爆弾をヴェントナーのCHレーダーに命中させ、7日間にわたり機能停止させた。ベンブリッジ近傍では、予備のAMES9(T)型40-50メガヘルツ／300キロワットの移動式レーダーが105フィートのタワーを展開させていた。このレーダーは「中継予備（remote reserve)」と呼称されていたが、その膨大な情報量は助けになるというよりも混乱をもたらしていた。しかしながら、このレーダーからの送信は、マティーニにヴェントナーのレーダーが運用状態のままにあると思わせた。

残りのスツーカの飛行隊（第2急降下爆撃航空団第Ⅱ飛行隊）は、リー・オン・ソレントのイギリス海軍航空基地（RNAS）を攻撃し、3個の格納庫と6機を破壊するとともに14人を死亡させた。これに加えて、Ju 88はゴスポートのイギリス海軍航空基地を攻撃し、いくらかの損傷を与えて7名を死亡させた。これらの攻撃に際して第234飛行隊が要撃のために指向されたが、侵攻部隊を発見することができなかった。第249飛行隊は駆逐機を要撃しようとしたが、代わりにBf 109と交戦して2機を撃墜した。そのパイロットの1人であるジェームズ・ニコルソン（James Nicolson）空軍大尉は、かなり混乱した状況のもとにおいてであったが、戦闘機軍団の中でただ1人ヴィクトリア勲章を受章した。

4個の爆撃機飛行隊（第27爆撃航空団第Ⅰ、第Ⅱ飛行隊と第55爆撃航空団第Ⅱ、第Ⅲ飛行隊）のHe 111で構成された第3航空艦隊の第2撃目は、ちょうど17:00を過ぎた頃にブライトン近傍の沿岸に到達し、間もなく5個飛行隊（第1、第32、第64、第601と第615飛行隊）の迎撃を受けた。この間、さらに2個飛行隊（第234、第602飛行隊）がワイト島上空で掃討機と交戦していた。この典型的な大規模空中戦の結果、8機のハインケルが撃墜され、主要な

新型のドルニエ機であるDo 217などドイツ空軍の偵察専用機は、通常は毎朝、イングランドを飛行してイギリス空軍の飛行場を撮影した。フィルムの急速現像により特定の飛行場に多数機が確認された場合、大抵、その飛行場は当日の攻撃目標リストに加えられた。(NARA)

規模の攻撃において初めて侵攻部隊が雲散霧消した。
ほとんどの攻撃機が帰投している中、2機のHe 111（第27爆撃航空団第Ⅲ飛行隊）が侵攻を続け、一面の雲の下を低空飛行しながら攻撃できる機会を求めていた。（ベンソン空軍基地と間違えて）ブライズ・ノートン空軍基地の飛行場に到着すると、彼等は着陸装置を下げて基地の対空砲を騙し、突然に車輪を格納して出力を最大に上げるとともに32発の爆弾を格納庫に投下した。その爆発と火災により、第6整備隊が修理していた11機のハリケーンと、35機のエアスピード・オックスフォード双発練習機が破壊された。
2日連続で、2つの航空艦隊は1,700ソーティをイギリス南部の飛行場に指向した。イギリスはタングミアが大打撃を受けたほか、5ヶ所の飛行場がダメージを受けた。20機の昼間戦闘機と8機のブレンヘイムIFが地上で撃破され、19機のハリケーンとスピットファイアが空中戦で撃墜された。ドイツ空軍も15機のBf 109を喪失しており、この日の攻防は引き分けに近かった。これに加えて、11機の爆撃機がダウディングの要撃により失われていた。この日のドイツ空軍の戦果は中程度であったが、コストは増大していた。最も大きな痛手は、9機のスツーカと8機の駆逐機を喪失したことであった。
2日間の激闘の後、低空を覆い尽くしていた雲はイギリス南部へと移動し、翌日の作戦を不可能にした。翌日は77ソーティのみが実施され、無視できるような戦果しかなく、双方とも損失はなかった。

8月18日

1日の休息と部隊の再編成の後、第2、第3航空艦隊は新たな活力とともに戦闘に復帰した。シュペルレの第3航空艦隊がアシカ作戦の準備のためポーツマスとびサウサンプトン周辺の沿岸にある飛行場を連続攻撃する傍ら、ケッセルリンクの計画立案者は内陸部での戦闘に移行し、ケンリーとビギン・ヒルの方面指揮所を目標に定めた。直近の偵察写真と傍受信号は、これらの2基地がイギリス南西沿岸部への侵攻に対処する主要な戦闘機の基地であることを示していた。沿岸地域にある補助飛行場には大きな打撃

ケンリー空軍基地を低高度爆撃した第76爆撃航空団第Ⅸ飛行隊のDo 17Zらは、大きな損害を受けた。4機の爆撃機が撃墜され、2機が大きく損傷し、16名の搭乗員が死傷あるいは捕虜にされた。(Private Collection)

を与えていたので、これら主要基地への大規模攻撃を仕掛ける時であった。第2航空艦隊は、通常の作戦と天候偵察を行い、フランス北部が厚い雲に覆われていたために出撃を遅らせて正午過ぎに侵攻を開始した。

60機のBf 109が自由掃討した背後を2個「パッケージ」の爆撃機が進んだ。それぞれのパッケージは3個のパートに分かれていた。攻撃を先導する12機のJu 88（第76爆撃航空団第Ⅱ飛行隊）がケンリーの格納庫と施設に急降下爆撃し、これに続いて27機のDo 17（第76爆撃航空団第Ⅰ、第Ⅲ飛行隊）と9機のドルニエが低高度爆撃を行うことになっていた。しかしながら、天候による遅れと混乱のため、追加投入された350機の「エミール」と73機の駆逐機が作戦全体をカバーしている中、ドーバー海峡を通過している間に編成が逆転して低高度のドニエルが先導するようになった。第76爆撃航空団第Ⅸ飛行隊の9機のDo 17は、援護機なしで、パ・ド・カレー上空の8/10を6,500～10,000フィートで覆う曇り空に妨げられることなく、レーダーにも探知されずに低空で海峡を渡り、ビーチ岬付近から陸地上空に侵入した。監視所は、爆撃機の発見をケネリーに至るブライトン－ロンドン鉄道の通信線で報告した。その5分後には、別の第76爆撃航空団の39機の爆撃機と60機のHe 111（第1、第27爆撃航空団）が中高度で飛来し、3個飛行隊規模の戦力で40機のBf 109（第54戦闘航空団）に援護されながらビギン・ヒルに向かった。

爆撃機の大編隊は、まず正午過ぎにスウィンゲートのCHレーダーで探知され、約45分後には巨大かつ不明瞭な反射波は6個群で構成されていると分析された。テムズ川河口とその北部にある飛行場を守るため、カンタベリーとマーゲイトとの間を20,000フィートで哨戒していた5個飛行隊（53

自由掃討を行う第3戦闘航空団第Ⅰ飛行隊所属Bf 109Eの4機編隊（NARA）

機の要撃機）と応答していた第11飛行群の管制官は、2個の方面管区の指揮所の上空で戦闘空中哨戒（CAP）させるために更に4個飛行隊（50機の迎撃機）を緊急発進させ、6個飛行隊を5分以内に離陸できる状態で待機させた。爆撃機が沿岸部を通過すると、4,000フィート以上を覆う霞みがかった層の雲が監視所による正確な追尾を妨げた。彼等の監視ラインは南に面しており、この時に最南端の要撃飛行隊（第501飛行隊）は戦闘機掃討機と交戦して4機を撃墜した。要撃機の損耗はなかった。

13:22にケネリーは低空飛行してきた爆撃機による最初の攻撃を受けたが、4機のドルニエが撃墜され、2機が大きな損傷を受け、搭乗員40人のうち16人が死傷あるいは捕虜となった。その5分後には中型爆撃機が飛来した。煙幕と空中に飛散された破片がJu 88の急降下爆撃を妨害したため、彼等は代わりにウェスト・マリングを攻撃した。ケネリーは、3個の格納庫が破壊され、基地の司令部が倒壊し、2つの食堂と他の施設が損傷を受けて壊滅状態となった。また、10機のハリケーンと2機のブレンヘイムが破壊され、32名が死傷した。爆弾の炸裂により地下ケーブルが切断されたため、第11飛行群の司令部と外部との通信が全て遮断された。通信が完全に回復するまでには60時間を要した。結果的に、方面指揮所はケータラムにある空き家となっていた肉屋に移動した。この場所は、近くにある郵便局と電話線がつながれていた。基地を防衛していた戦闘空中哨戒機は、39機の水平爆撃機のうち4機を撃墜した。

3波のHe 111（第1爆撃航空団第Ⅰ、第Ⅲ飛行隊と第27爆撃航空団第Ⅲ飛行隊）がビギン・ヒルを攻撃した。投下した84トンの爆弾のほとんどは、降着場と飛行場の東側に隣接した森に着弾した。しかしながら、ここでも通

8月18日、第3航空艦隊は最大規模のスツーカ攻撃作戦を実施し、3ヶ所の飛行場とポーリングCHレーダー局を攻撃した。109機のJu 87のうち16機が撃墜された。(Getty/Keystone)

信が遮断され、2時間以上にわたり第11飛行群はＢセクターとＣセクターで飛行している要撃機を管制できなくなった。6個飛行隊は、それぞれが発見した飛行場に帰投したが、そのほとんどは戦闘機軍団に連絡できなかった。

第2航空艦隊が爆撃している頃、シェルブール周辺では109機のJu 87が各前線基地から離陸を開始した。これは本作戦（鷲攻撃）で最大規模のスツーカによる攻撃であった。4個飛行隊（第77急降下爆撃航空団と第3急降下爆撃航空団第Ｉ飛行隊）が13:30に離陸し、102機以上のBf 109（第27戦闘航空団と第53戦闘航空団第Ｉ飛行隊）の援護機とともに、前方を掃討する55機のBf 109（第2戦闘航空団）に続いた。それぞれのスツーカの飛行隊には、個別に目標が与えられていた。ソーニー島の沿岸司令部の基地、フォード海軍航空基地、ゴスポート海軍航空基地とポーリングCH局である。最初にレーダーが攻撃部隊の「反射」を捕らえたのは13:59であり、4個飛行隊のスツーカが援護を受ける位置についた直後であった。ブランドとパークは、それぞれ3個飛行隊を出撃させた。その合計機数はスピットファイアが45機、ハリケーンが23機であった。また、ソーニー島の第235飛行隊からは、ブレンヘイムIVF長距離洋上戦闘機が出撃した。

スツーカの一群は14:20にセルジー・ビルに達し、そこで各目標に向か

ドイツ空軍の爆撃機の操縦席を防護しているのは風防ガラスのみであった。また、狭い範囲に押し込められていたこともあり、多くの搭乗員がハリケーンやスピットファイアの銃撃により死傷した。（NARA）

って援護機とともに分かれた。フォード、ゴスポートとポーリングは、全てイギリス空軍の要撃機が会敵する前に爆撃を受けた。フォードでは、燃料集積場が火災を起こし、2個の格納庫、輸送車両、倉庫と数ヶ所の施設が損傷を受けた。また、12機の複葉型の雷撃機（第829海軍航空隊）のほか、他の12機が破壊され、28名が死亡し、75名が負傷した。フォード基地は、翌月に海軍が退避して空軍が引き継ぐまで活動を停止した。ゴスポートでは2個の格納庫が損傷し、数ヶ所の施設が倒壊したほか、4機の航空機が破壊された。ポーリングCHレーダーは、受信マストの上部への爆撃を受け、運用を停止した。「中継予備局」が運用されたが能力は限定的であり、CHが完全に修復されるまでに1週間を要した。

ソーニー島も大打撃を受けた。2ヶ所の格納庫と数ヶ所の施設が倒壊し、3機の航空機が破壊された。しかし、襲撃部隊（第77急降下爆撃航空団第Ⅰ

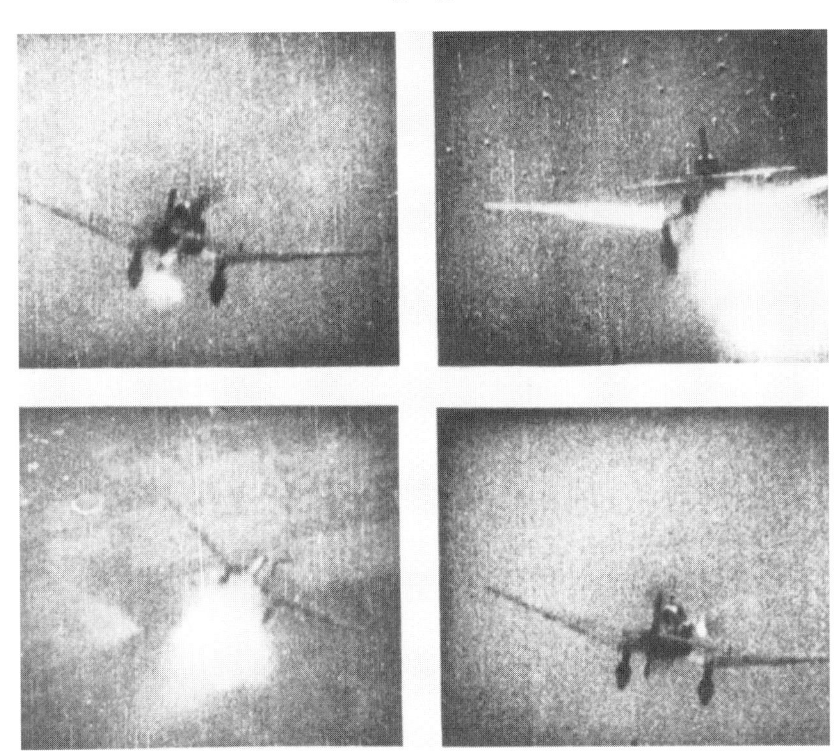

基本的に低速度で、降着装置が固定式のスツーカは、戦闘機の攻撃に対して非常に脆弱であった。作戦全体で合計67機、当初の戦力の21.5%が失われた。(IWM C 2418)

Bf 110駆逐機は、爆撃機の援護機としての役割を十分に果たすことができなかった。このため、Bf 110は、爆撃機の任務がBf 109の行動範囲の外側で計画される場合や、爆撃後の離脱時における空域の自由掃討のために運用された。(Private Collection)

飛行隊）は18機のハリケーン（第43、第601飛行隊）の要撃を受けて28機が撃墜され、28人のパイロットが死傷あるいは捕虜となった。スピットファイアは引き上げるスツーカを洋上18マイルまで追撃し、さらに6機を撃墜した。

第2航空艦隊が午後の遅い時間に行った攻撃は、ホーンチャーチとノース・ウィールドの方面指揮所を目標としていた。攻撃部隊は、58機のドルニエ（第2爆撃航空団）及び51機のハインケル（第53爆撃航空団）と、これらを援護する合計140機のBf 109及びBf 110で編成された。15分間隔で飛行する2個編隊は、カレー上空で援護機と合流し、ドーバー海峡を北上して内陸部に向かった。この編隊が最初に探知されたのは17:00であった。Dセクターの管制官は４個飛行隊（合計44機の要撃機）をカンタベリーとマーゲイトの警戒線上に配置し、この間にパークは更に4個飛行隊（合計49機の要撃機）に基地防衛のための戦闘空中哨戒（CAP）を命じるとともに、更に2個飛行隊を待機につけた。これにより最終的に143機が出撃した。攻撃部隊は、目標の上空が5,000～10,000フィートの厚い雲に覆われていたため、第2目標に向かった。第2目標はシューバーイネスの陸軍兵舎とディールの海軍兵舎であった。第1目標への攻撃中止は防空側の要撃を無効化し、攻撃側が失ったのは2機のハインケルのみであった。

全体として、ドイツ空軍の2つの航空艦隊は昼間帯に約750ソーティの攻撃を行った（このほか夜間に170ソーティを実施）。その一方で、イギリス空軍の戦闘機軍団は866ソーティの要撃を行い、このうち403ソーティで爆撃機、援護機あるいは掃討機と会敵した。イギリス空軍は14機の爆撃機、16機のスツーカ、15機の駆逐機、そして18機のBf 109と合計で63機を撃墜した。しかしながら、ドイツ空軍は積極的な飛行場への攻撃により8機の要撃機を含むイギリス空軍の19機を撃破し、12機のイギリス海軍の雷撃機を撃破したほか、空中戦で34機のスピットファイアとハリケーンを撃墜した。

鷲攻撃フェーズⅡ：8月24日～9月6日

我々はイギリスに対する航空戦の決定的な局面へと至った。敵空軍を打倒するために我々の全戦力を投入することが極めて重要である。我々の最初の目的は、敵の戦闘機を壊滅することである。もはや敵の戦闘機が空へと出撃してこないならば、我々は地上にいる戦闘機を攻撃すればよい。あるいは、我々の戦闘機の行動範囲内の目標へと爆撃機を指向させることで、敵戦闘機に戦闘を強要せよ。

ヘルマン・ゲーリング、ドイツ空軍の司令官及び参謀との会議
1940年8月19日、カリンハル

次回のゲーリングと司令官との会議をカリンハルで準備していたとき、シュミットは鷲攻撃フェーズⅠの成功を光り輝かせる情報見積を作成した。彼は「8ヶ所の航空基地が、事実上、破壊された」と報告した。実際、写真偵察によれば「戦闘機軍団のほとんどが首都（ロンドン）の周囲に撤収している」ことを示しているようにみられた。この時までに、マティーニの通信傍受部隊は6ヶ所の航空基地の場所を特定していた。その全てはロンドン郊外から50km以内の飛行場にあり、これらの基地からイギリス空軍の戦闘機が爆撃機部隊を迎撃するために出撃していた。彼は、沿岸にあるレーダーのタワーを破壊するのは困難であることから、これらの基地を攻撃目標とするよう進言した。

さらに、戦闘機部隊の「勝利宣言」を事実であると認めたシュミットは、7月1日以来、551機のイギリス空軍戦闘機（戦闘機以外の航空機も含めると823機）を破壊したと見積もった。同じ時期における127機のBf 109の損失と比較すると、「エミール」の撃墜率は4.5対1であり、さらなる成功のために戦闘機との空中戦が奨励された。（7月1日から8月16日の間に撃墜されたハリケーンとスピットファイアの実際の数は214機であった。）このような過大評価を当初の集計から差し引いたとしても（彼の7月16日における分析は、第1線の戦闘機は900機が運用可能であり、約675機が実戦投入可能としていたが、実際にダウディングは7月13日の時点で901機を運用可能であり、戦闘に投入できる

のは666機であった)、スピットファイアとハリケーンの生産力に対する過小評価から、彼はイギリス戦闘機軍団にはわずか430機の昼間戦闘機しか残っておらず、そのうち約330機がイギリス南部に配備されているという誤っていながらも一見すると最適に見える見積もりを導き出していた。

このような作戦が成功したという錯覚は、驚くべき犠牲をもたらした。その後の約1週間近くにわたる攻撃での戦闘で、ドイツ空軍は297機を喪失した。これは6週間にわたり実施された海峡での戦闘における合計204機の喪失(7月1日から8月11日の間における1週間あたりの喪失機数の平均は34機)から、ほぼ600%の増加という深刻な増加であった。常に政治家であるゲーリングにとって、ドイツ空軍は主要な権力基盤であり、第3帝国の指導層における彼の威信と立場の根源であった。勝利か敗北か。彼は任務を遂行するなかでドイツ空軍が著しく打撃を受けたことを認める余裕がなかったため、可能な限り損失率を下げることが会議のテーマとなった。

約127機の軽爆撃機及び中型爆撃機(8月13日における出撃可能な割合は12.7%)と52機のスツーカ(戦力の16.7%)が、イギリス空軍の戦闘機と地上部隊による防空戦闘で失われた。爆撃機は新型機への換装により損失率が改善されたものの、可動率は70%に減少していた。更に深刻であったのは搭乗員の損失であった。2人の爆撃飛行隊長、2人の航空軍団の参謀長と7人の飛行隊長を含む合計172名の将校が失われた。ドイツ空軍が勝利を掴むためには、この種の大損失を止めねばならなかった。

この損失回避を促進するため、作戦全体の目的を維持したままで、作戦

第264飛行隊は8月24日の戦闘に参加し、その後の5日間でデファイアント10機が撃墜され、7機が損傷を受けた。ドイツ軍の爆撃機6機のみを撃墜し、この飛行隊と5機の銃塔を備えた戦闘機は、北にあるカートン・イン・リンジーに配置転換され、そこで夜間戦闘飛行隊へと再編された。
(IWM CH 884)

8月の終わりにロベルト・フックス大佐は、攻撃作戦を再開するために第26（ライオン）爆撃航空団の2個飛行隊を率いてノルウェーからオランダとベルギーに飛行し、57機のHe 111H中型爆撃機で第1航空軍団を増強した。（NARA）

の焦点と戦略が変更された。ゲーリングは、イギリス空軍（と海軍）の施設を攻撃することよりも、特に昼間帯の作戦では戦闘機軍団の基地を攻撃目標とし、我の戦闘機の行動半径内にある爆撃機にイギリス空軍の戦闘機を指向させることを焦点とするよう指示した。そして、この作戦の戦略は、戦闘機同士の戦闘による消耗戦と化した。

会議の参加者は、飛行隊の単位以上の爆撃機の編隊は適切に防護できないということに合意していたので、フェーズⅠにおける爆撃航空団の戦力（2から3個飛行隊）での侵攻の代わりに、より小規模な爆撃機の編隊が採用された。ゲーリングは「爆撃機はイギリスの戦闘機を引き寄せられるだけの数を運用する」ことを強調した。爆撃機の近接援護機は、引き続き3個の戦闘飛行隊が充当されたが、ゲーリングは最大規模の戦闘機が自由掃討作戦に投入されねばならないと強く主張し、次のように発言した。

> 「一部の戦闘機のみが爆撃機の直接援護の任務に就く。目的は最大の戦闘機の戦力を自由掃討作戦に投入し、爆撃機を間接的に防護すると同時に、敵戦闘機に対する優位な状況を獲得することである。」

このような理由から、これまでに比して2倍の戦闘機が爆撃機編隊の援護と空域の掃討のために必要とされるようになった。作戦における地理的な焦点も、当初の280マイル幅の幅広い範囲から、イギリス戦闘機軍団の第11飛行群（165マイルの前線に位置）の打倒に絞られた。第3航空艦隊の「エミール」全機が、8月22日には第2航空艦隊へ配置換えされた。

これに加えて、ゲーリングは、敵の爆撃機の地上施設に対する攻撃は、無用の損失を避けて実施するように指示した。これは夜間爆撃を意味していた。また、イギリスの航空機工場に対する攻撃は、悪天候時又は夜間に、単機又は少数機の爆撃機で行うように指示した。爆撃機に比して多数の戦闘機が必要とされたため、月末まで第2航空艦隊の1日あたりの爆撃は300ソーティ未満に制限された。第1航空軍団はシュペルレの指揮下に入り、夜間爆撃専門の第100爆撃飛行隊に先導された無線航法支援による爆撃（radio-bombing）を既に行っていた。8月26日のポーツマスへの昼間攻撃が中止され、第3航空艦隊は爆撃機軍団の基地、主要な港湾と産業エリア、その他の戦略目標への夜間爆撃に集中するようになった。

スツーカは、ドイツ国防軍の海峡横断攻撃に際しての近接航空支援という主要任務を行うために温存された。如何なる場合においても、Ju 87は航続距離が限定的であり、局地的な航空優勢が特に必要とされたため、戦闘機の空中戦が行われる空域にまで侵入する作戦からは除外された。その結果、ゲーリングは「敵の戦闘機部隊を壊滅するまで、スツーカは顕著に優位な状況が確保できた場合にのみ運用する」よう指示した。この決定を実行するため、8月29日、ドイツ空軍総司令部は、フォン・リヒトホーフェンの第8航空軍団を、ケッセルリンクがアシカ作戦のために温存していた第2航空艦隊に移管した。スツーカの退場は、ヘンシェル Hs 123「攻撃型」複葉機から4週間かけて新型のBf 109E-7 戦闘爆撃機に機種転換した第２教導航空団第Ⅱ飛行隊（地上攻撃）の到着により埋め合わされた。8月下旬の到着により、この新たな部隊はケッセルリンクの戦闘機と爆撃機の攻撃力を倍増した。

最終的に、Bf 110駆逐機は満足できる状況ではなかった。53機（戦力の20.15%）という驚くべき機数を失い、今や求められた役割に不適であることは明らかであった。それにも拘わらず、ゲーリングは、双発戦闘機は単発戦闘機では対応できない距離の作戦に投入するか、単発戦闘機との戦闘から離脱できる場所で運用するよう指示した。戦闘飛行隊は、フェーズⅠで65機の「エミール」（全体の7%）を喪失したが勢力を保っていた。フェーズⅠの間に彼等は114機のイギリス空軍の要撃機を撃墜しており（撃墜率は1.75対1)、損失は迅速に補填され、前線部隊の可動率は85%であった。第2航空艦隊は、シュペルレから第27戦闘航空団と第53戦闘航空団が移管されたことに加え、第5航空艦隊から第77戦闘航空団第Ⅰ飛行隊が増強配備された。

8月24-29日

9個の戦闘飛行隊の移動には数日を要した。これに加えて4日間の曇天があったため、新たな作戦の再開は8月24日まで遅延した。フェーズⅡは、約1,030ソーティで開始された。これらの多くはイギリス沿岸に沿って約20マイルの沖合を飛行する大規模な戦闘機の編隊であり、内陸部にフェイントをかけて、パークの早期警戒（EW）レーダーから空中集合する編隊を隠していた。このカバーとフェイントの下、午前中の中頃の自由掃討作戦に引き続き、66機のBf 109E（第3、第26戦闘航空団）に援護された40機のDo 17ZとJu 88（第76爆撃航空団）による侵攻が行われた。この侵攻部隊の攻撃目標は、ドーバー（フェイントとして）とマンストンであった。イギリス空軍の12個飛行隊が緊急発進したが、2個飛行隊のみがドイツ軍戦闘機のスクリーンを突破して交戦できた。第264飛行隊は第3戦闘航空団の「エミール」が到着する前に4機のユンカースを撃墜したが、Ju 88の応戦により4機が撃墜された。すでに損傷していた飛行場は、機能していた区域を破壊され、17人が死傷し、3機が大きく損傷して再び荒廃した。

ケッセルリンクの第2波は午後の半ばに出撃した。この厳重に援護されたHe 111（第53爆撃航空団）46機は、ホーンチャーチとノース・ウィールドを攻撃するためにテムズ川上空を飛行した。パークのDセクターの管制官は、4個飛行隊（第56、第111、第15と第615飛行隊）を要撃のために指向し、5機を撃墜した。また、管制官は第12飛行群に2ヶ所の基地を防御するよう伝えた。リー・マロリーの部隊は離陸して基地を空にすることに失敗した。20機のハインケルがノース・ウィールドを強襲し、19人を死傷させた。攻撃で駅舎、既婚者住宅と店舗が破壊され、発電所が損傷を受けた。ホーンチャーチも攻撃を受けた。その被害は比較的に大きくはなかったが、第264飛行隊は緊急発進中に更に3機を失った。

アクスブリッジにあるイギリス空軍の第11飛行群司令部の作戦所で勤務する女性兵士の「プロッター」。この写真ではリラックスしているが、多くの激しい空中戦の間、プロッター、通知係（テラー）と管制官は膨大な情報を受けていた。（IWM CH 7698）

この12,000フィートでの大規模な攻撃に援護されながら、第210試験飛行隊はマンストンを低高度爆撃していた。この攻撃でアクスブリッジとの全ての通信が切断され、とうとうダウディングは第600飛行隊をホーンチャーチに退避させた。また、地上の防空と整備員を除き全ての人員が退避し、損傷した飛行場は「緊急着陸場」に指定された。

8月25日から29日まで、作戦は遅いペースで継続された。各日の平均ソーティ数は700であり、その多くはスクリーニング（訳者注：前日までの成果等を踏まえて選定した複数の攻撃目標へ全面的に指向することで特定の攻撃目標を絞り込んでいけるようにするもの）であった。5ヶ所の方面指揮所が目標とされたが、主として悪天候のため、（第2爆撃航空団第Ⅰ飛行隊による）デブドンに対する攻撃と、イーストチャーチ、ロッチフォードとワームウェルの補助飛行場に対する攻撃のみが成功した。新しい戦略が爆撃機の損失を減じている一方で、期待したほどにはイギリス空軍の戦闘機を撃破することはできなかった。これは、主としてパークの管制官が、目標の編隊が戦闘機掃討機ではなく爆撃機であると判断できるまで、戦闘機を後方に控えさせたからであった。第11飛行群が賢明かつ頑なに戦闘機同士の交戦を避けたため、このフェーズの第2週目にケッセルリンクの計画立案者達は容赦なくパークの6ヶ所の主要基地を脅かすことにした。この攻撃のために新たに部隊を配備するため、2つの航空艦隊に対して第5航空艦隊から第26爆撃航空団と第30爆撃航空団が増強され、Ju 88に換装されたばかりの第77爆撃航空団が戻された。

この間、ドイツ空軍による夜間爆撃は毎夜170ソーティにまで倍増された。しかしながら、この強化された取組は不運の始まりであった。8月24日から25日にかけての夜、ロチェスターとテムズヘブンの貯油施設を爆撃しようとしたHe 111は独断で行動し、悪天候の中で目標を通り過ぎてロンドンのイースト・ハムとベスナル・グリーンの上空で爆弾を投棄した。チャーチルは直ちに爆撃機軍団による報復を承認し、翌日の夜には81機の双発中型爆撃機がベルリンに送られた。悪天候のため、この最初の攻撃では10機の爆撃機のみがベルリンの郊外に到達して市営農場に爆弾を投下した。しかしながら、この襲撃に引き続き、8月28-29日と29-30日に適度に成功した攻撃が行われた。その結果、ヒトラーは、これまで禁止してきたロンドンに対する爆撃を翌日に解除した。

ビギン・ヒルの戦い：8月30日～9月6日

ヒトラーの決意はすぐに広まり、ゲーリングは新しい作戦戦略の細部を詰めるための空軍会議を9月3日にハーグで開くことにした。その間にも、パ・ド・カレーからロンドンへの直航経路を「開通」するため、ビギン・ヒルにある第11飛行群の方面指揮所が主要な攻撃目標となった。Cセクターは、ヘイスティングからフォークストンまでの海岸沿い45マイルの正面を担当していて、ビギン・ヒルを無力化できれば、より少ない損失でロンドンへの爆撃を繰り返し行えるようになると期待された。

高気圧が張り出しながら北西ヨーロッパに停滞し、4日間にわたり作戦を妨げたイギリス上空の雲を一掃して、今後の数日間は晴天が見込まれた。

この晴天と直近に到着した増援部隊を利用して、第2航空艦隊は最多となる1,345ソーティの新しい攻撃計画を策定し、その戦術を変更した。これまでのように2波か3波に分けて大規模な爆撃機部隊（密集した「パッケージ」）を出撃させる代わりに、ケッセルリンクの参謀は、3時間から4時間にわたって20分か30分間隔で小規模な急襲を連続させた。その狙いは、第11飛行群の指揮統制能力を一気に制圧するのではなく、時間をかけて飽和させることだった。

第2航空艦隊は初日にビギン・ヒルを2回攻撃した。敵戦闘機の自由掃討を任務とする戦闘機60機がケント海岸を10:30に通過し、その後方を30分後に140機の爆撃機と直接援護の戦闘機が続き、昼頃にJu88Aの編隊が反撃を受けることなく方面指揮所を爆撃した。新しい戦術はうまくいった。11:45までにパークの全ての要撃機が離陸して10個飛行隊が交戦したが、ケント上空の状況が混乱したため管制官は要撃機を指向した敵編隊を見失ってしまった。ユンカースは30発以上の遅延式250キロ通常爆弾を18,000フィートから投下したが、精度が悪くて着陸地だけでなくケストンやビギン・ヒル近傍の村一体に爆弾の雨をまき散らした。

3波（主にHe 111の60機（第1爆撃航空団第Ⅰ、第Ⅱ飛行隊と第53爆撃航空団第Ⅱ飛行隊））で構成された午後遅くの2回目の攻撃は、ビギン・ヒルへの「速攻（snap attack）」の陽動として、ルートンのボクスホール自動車工場とラドレットのハンドレーページ工場に対して行われた。この攻撃は勇敢な第210試験飛行隊のBf110D戦闘爆撃機10機が、初めての実戦任務である第2教導航空団第Ⅱ飛行隊（地上攻撃）のBf109E-7戦闘爆撃機6機を先導したものであった。攻撃機は低高度を高速で侵入し、16発の250キロ爆弾と500キロ爆弾を格納庫、建物、その他の建造物に投下した。ハリケーン（第32飛行隊）が収められている格納庫が破壊され、同じように駐車場、工場、兵器庫、貯蔵所、軍曹用食堂、空軍婦人補助部隊（WAAF）用宿舎、海陸空軍協会酒保、炊事場が破壊された。電信・電話回線、電気、ガス、水道管はすべて切断され、39名が死亡し26名が負傷した。Cセクターはコントロールを停止したが、ホーンチャーチ（Dセクター）が電気と通信が回復するまでその任務を引き継いだ。攻撃部隊は、1機も失うことなく離脱した。

イギリス南東部において「航空戦の様相」が混乱したのは、朝の爆撃がケント州の主要な電力供給網に「まぐれ当たり」し、状況をさらに悪化させたからだとされている。ペバンゼイ、ライ、スウィンゲートにあるＣＨレーダー（それに加えて4ヶ所のCH低空用レーダー局）への電力供給が停止され、パークの早期警戒レーダー網に80マイルに及ぶ隙間が生じた。マティーニの通信傍受部隊は、レーダーが「運用中断」していることを把握し、このことをケッセルリンクの参謀は翌日の作戦で利用しようとした。

◎ビギン・ヒルの戦い

第2航空艦隊はイギリス空軍の方面指揮所への攻撃を優先していたので、ビギン・ヒルを8月30日に2度攻撃した。その2度目は、午後遅くの戦闘爆撃機（第210試験飛行隊所属の10機のBf110、6機のBf109）による低高度爆撃であり、基地の「北部地区」を徹底的に破壊した。大型格納庫、航空機整備工場、貯蔵庫、駐車場、兵器庫と衛兵詰所、そして兵舎と防空壕を破壊し、死者39名、負傷者26名以上が発生した。ガス、水道、電気は断たれ、通信ケーブルは３ヶ所が切断された。ホーンチャーチがＣセクターの要撃機のコントロールを引き受けている間、ビギン・ヒルでは夜を徹して通信回線を修理し、翌朝になって基地は運用を再開した。

翌日、再びビギン・ヒルは攻撃を受けた。13:00にDo 17Zが高度12,000フィートから「南部地区」を爆撃して大型格納庫を破壊し、既婚者用宿舎、食堂、海陸空軍協会の施設を損壊させた。その2時間後、A. R. コリングズ(A.R.Collings) 少佐が率いる 第72飛行隊の21機のスピットファイアMkIAが着陸した。消耗が激しく離陸したばかりの第610飛行隊の交代としてアックリントンから飛来したのである。飛行隊はすぐに給油を済ませ「20分待機(Available)」につき、17:45には「テニス飛行隊（コールサイン)」として次波の侵入機を要撃するために緊急発進した。スピットファイア20機が離陸し、ダンジネスの北西部で第3爆撃航空団第Ｉ飛行隊のDo17Zを要撃するために南東に進路をとった。その結果、1機を撃墜したが2機がエスコートのBf109Eに撃墜された。

テニス飛行隊が要撃で不在中、18:00に第76爆撃航空団第Ⅲ飛行隊に所属するDo17Zの編隊が反撃を受けることなく低高度から爆撃した。第79飛行隊（コールサイン「パンジー」）は直ちに緊急発進し、飛行可能なハリケーン全6機を急上昇させたが離脱中のドルニエを補足できず、2機がエスコートのBf 109 Eに撃墜されただけだった。
「北部地区」は、またしても激しく爆撃された。大型格納庫が破壊され、セクターの運用地区に直撃弾が命中し、一度は修復した通信回線が再び切断された。分散地域（dispersal area）では、第27飛行隊の整備中のスピットファイア1機（R6928;RN-N）が当初は被害を免れたが、長くは持ちこたえられなかった。緊急発進までに飛行機の修理を終えられず、爆発音が飛行場のあちこちで鳴り響き「北部地区」の施設と格納庫に爆弾が直撃したので、パイロットのR. C. J. ステープルズ（R. C. J. Staples）軍曹と地上勤務員はルイス軽機関銃のチームと一緒に近くにある「各個掩体」に飛び込んだ。
　機付整備員のグレイム・ギラード（Graeme Gillard）伍長によると、「防空壕から整備中のスピットファイアが爆撃を受けて土埃が舞い上がるのが見えた。電気整備員の一人が、勇敢だが愚かにも、外へ駆け出して不発弾を取り除きに行ったが、飛行場の外縁にある森へ持って行く途中で爆発してしまった。沢山の犠牲者のうち、その多くは空軍婦人補助部隊の隊員だった。滑走路は使用できなくなった。」

ドルニエDo17Z軽爆撃機は、低速度で旧式だと思われていたが、ドイツ空軍の攻撃、特に方面指揮所やその他の飛行場への攻撃において矛先を担った。たびたび速度に勝るスピットファイアとハリケーンに襲われ、いくつかの部隊は特に目標地域から離脱する際に大損害を被った。(NARA)

早朝に飛来したお決まりの戦闘機掃討部隊をパーク指揮下の管制官は対応せず見送ったが、それに続いて08:00頃に約200機の爆撃機と戦闘機がテムズ河口を通って接近していることをダンコーク（カンタベリー）とカネードンのCHレーダーが発見した。パークは13個の飛行隊を緊急発進させ、Bf110に強力にエスコートされている3個編隊規模の編隊群を要撃させた。その編隊（第2爆撃航空団第Ⅲ飛行隊）は分離し、ノース・ウィールド、デブドン、そしてこの作戦において最初で最後となるダックスフォードの第12飛行群の方面指揮所を攻撃し、その1時間後には小規模部隊がイーストチャーチを爆撃した。これと同時に、ようやく早期警戒レーダーへの電力供給が復旧した南東部の海岸沿いでは、ペバンゼイ、ライ、スウィンゲートのCHレーダーと3ヶ所のCH低空レーダー局が、その日の運用を不能にした第210試験飛行隊の攻撃を受けていた。

真昼の攻撃は、クロイドン、ホーンチャーチ、ビギン・ヒルを襲撃した。ビギン・ヒルの被害の大きさは、この基地が攻撃目標として重視されていたことを物語っていた。ビギン・ヒルは、Do17（第2爆撃航空団）の2個編隊規模の飛行隊に高度12,000フィートから爆撃されて着陸地に穴が空き、格納庫、既婚者用宿舎、食堂、方面指揮所が被害を受けた。攻撃部隊は再び撃墜されることなく離脱した。

ホーンチャーチとビギン・ヒルの両基地は、午後遅くに再び攻撃された。ビギン・ヒルはDo-17で低空飛行して飛行場を攻撃する専門部隊である第76爆撃航空団第Ⅲ飛行隊に攻撃されたとみられる。この攻撃により、大型格納庫と分散地域にあるスピットファイア（第72飛行隊）が破壊され、方面指揮所の建物にも爆弾が命中した。電話回線が全て切断され、修復するまでアクスビリッジ（第11飛行群の作戦室）と連絡が取れなくなり、ケンリー（Bセクター）がCセクターのコントロールを引受けた。またも攻撃部隊は撃墜されることなく離脱した。

この日の1,451ソーティは新記録であったが、このうち爆撃機はわずかに150ソーティだった。爆撃機は戦闘機の1,301ソーティに守られ、イギリスは多数機を撃墜したと主張したが実際に失った爆撃機は８機に抑えられた。この間、イギリス空軍は25機のハリケーンと8機のスピットファイアを撃墜され、ドイツ軍は19機のBf109と6機の重戦闘機を失った。これに加えて、ドイツ軍は戦闘機軍団の7個基地（その内の５つには方面指揮所が所在）を爆撃し（これらの内の2ヶ所は2回）、地上でスピットファイア6機を破壊した。この日は、もう1つの記録が更新された。この作戦において戦闘機軍団は39機という、これまでで最大の機数が撃破されたのである。確かに、ドイツ空軍が決着をつけたかに見えた。

戦闘機軍団は8月31日に最大の損失を被った。合計39機のハリケーンとスピットファイアが空中戦と飛行場爆撃により撃破された。（NARA）

9月1日は、640ソーティでビギン・ヒルを３回にわたり攻撃したほか、デブドン、ケンリー（ここへの攻撃は失敗）、イーストチャーチ、ホーキンジ、ラインプネ、デットリングを空襲した。ビギン・ヒルへの最後の攻撃は、17:30に開始され、戦闘機掃討部隊のBf109の6機が先行し、ドルニエの1個編隊が続いた。パークの管制官は、すべてが戦闘機からなる編隊だと判断して要撃機を指向せず、爆撃機が反撃を受けずに目標を攻撃することを許してしまった。この空襲で方面指揮所の建物に爆弾を直撃させて、実質的に基地の破壊を完了した。着陸地は使用不能となり、実質的に全ての建物は居住不能となったほか、基地の内外への通信は再び切断され、基地の多くの部門が近傍のケストン村への移転を強いられた。第72飛行隊は、その日の朝のうちにクロイドンに移動を完了していたが、この飛行隊はBセクターの統制下におかれ、9月12日までビギン・ヒル（Cセクター）の指揮下には戻れなかった。第79飛行隊は、運用可能なハリケーン5機で「局地基地防空飛行隊」となった。2回目の攻撃部隊を要撃している間、そのうちのハリケーン2機が撃墜され（両パイロットは負傷したが生延びた）、3機目は着陸に失敗して大破した。Cセクターの3つ目となる第501飛行隊は、グレーブセンドの「分散飛行場」に配備されていたが、1週間以上にわたってDセクターの統制下におかれた。

その一方で、Cセクターの作戦室は、飛行場の南0.5マイルにあるパンタイルの空いている工場に移設された。ロンドン郵便本局（GPO）の技術者が夜通し働き、近くの主な電信・電話回線へ接続し、交換機を設置して、セクター作戦室を再建した。無線通信は3時間以内に回復したが、戦闘機の管制能力は、限定的ではあるが、翌朝に回復した。

ビギン・ヒルは、その後の4日間で4回の攻撃を受けた。これに加えてホーンチャーチ（2回）、ノース・ウィールド、グレーブセンド、イーストチャーチ、デトリングが攻撃されたが、その頃には爆撃すべきものは何も残っていなかった。方面指揮所のケンリー（Bセクター）とデブデン（Dセクター）、そして他の2ヶ所の戦闘機用航空基地も、運用能力を著しく低下させていた。アックスブリッジ（第11飛行群の作戦室）と各方面指揮所、そして対空監視哨をつなぐ「地上通信」回線が繰返し切断されたことが大きな影響を及ぼし、パークのハリケーンとスピットファイア飛行隊が適時に要撃できない不利な状況に陥った。しかし、全体としては戦闘機軍団の統合防空システムは、繰返し攻撃されても並外れて回復力に富んでいることがわかった。ある戦略的に重要な位置にある方面指揮所が機能停止した時でさえ、システムは低下した運用能力を補い、イギリス防空体制の信頼性を著しく失墜させることはなかった。

鷲攻撃フェーズⅡにあたり、ゲーリングは3つの目標を設定した。第1に、爆撃機の損失を持続可能なレベルへ低下させること。第2に、ダウディングの要撃機を地上で撃破し、戦闘機軍団を無力化すること。第3に、戦闘機対戦闘機の格闘戦でより多く消耗させることである。確かに、新しい作戦戦略により、一つ目の目標の達成に成功した。2週間にわたる昼間爆撃では、わずかに68機の爆撃機を戦闘で損耗しただけであり、「鷲の日」以前のレベルまで損失を低下させた。しかし、飛行場への集中攻撃では、わずかに要撃機15機（1機のブレニムを含む）を破壊したにすぎなかった。なぜならば、戦闘機軍団の空襲警報システムが堅固で、飛行可能な航空機をすべて「空中避難（survival scrambling）」させて戦闘地域の北側で旋回待機させるか着陸させたからである。最後に、格闘戦による消耗は期待したほど大きくなかった。ダウディングはこの2週間で244機の昼間戦闘機を失い、そのうち208機がBf109（この損耗は150機）によるものだった。撃墜率は1.4対1と「エミール」が優位を維持したにもかかわらず、戦闘機軍団が運用可能な昼間戦闘機358機を安定して維持できたのは、適時に補充機が到着したからであった。

ドイツ陸軍総司令部（OKH）は、8月30日に陸軍のアシカ作戦侵攻計画の最終案を発出し、その4日後にはドイツ海軍総司令部（OKW）が作戦計画を発出してタイムテーブルを定め、海軍艦艇への積載と機雷敷設の開始を9月12日とし、「S日」（Sea Lion Day、「D-Day（訳者注：ノルマンディー上陸作戦の日）」に相当）を9月21日に設定した。ゲーリングは本当のところ「彼のドイツ空軍」がイギリスを降伏させることを期待していたが、今や鷲攻撃で好ましい結果を獲得するためのプレッシャーを感じながら、国家元帥として航空戦力のみで作戦を勝利に導くための方策を決定するため、これとは別の会議を9月3日にハーグで招集した。

アドルフ・ガーランド（Adolf Galland）少佐。28歳にして第26戦闘航空団の司令を務め、バトル・オブ・ブリテンで最高スコアを打ち出したドイツ空軍のエースの1人。敵機を仕留めた方法を説明している。大まかにいえば、戦闘機部隊が平均してイギリス空軍の損失の2.5から3.5倍の過大な「戦果」を一貫して主張したことが、作戦戦略の決定的かつ運命的な転換を促進した。（NMUSAF）

鷲攻撃フェーズⅢ：9月7日〜30日

我々にイギリス戦闘機を地上で撃破できる見込みはない。
奴等の最後の予備兵力まで、空中戦に引き摺り込まなければならない。

ヘルマン・ゲーリング、ハーグにおける
航空艦隊司令官との会議
1940年9月3日

ハーグにおけるゲーリングの指揮官会議に備えて、ドイツ空軍総司令部（ObdL）の情報部は、イギリス空軍に関する新しい定時見積を用意した。シュミットは、前回の解説を用いて次のとおり評価した。

> 航空優勢をめぐる戦闘において、イギリス空軍は8月8日以降で1,115機の戦闘機を失った。……しかし、我々が破壊したと考えていたイギリスの航空機の多くは、実際には非常に短時間のうちに戦列に復帰していた。（これに加えて）18ヶ所の飛行場が破壊され、26ヶ所が被害を受けた。

しかし、戦闘機軍団が積極防御を継続していることを考慮し、彼は戦力見積を更新した。8月18日から24日の間、戦闘機部隊の移動と悪天候により1週間に渡って攻撃を中断したことで、イギリスは航空機を生産して損失を補填したと考えられたため、この数週間でシュミットは2回目の「上方」修正を行い、9月1日時点での戦闘機軍団の戦力を「イギリス南東部に配備されている420機を含めて戦闘機が600機、また予備機100機が工場で出荷待ち」と見積もった。（実際、9月6〜7日には、ダウディングはデファイアントとブレニムを含めて合計746機（そのうち548機が運用可能）と127機の「運用可能な予備機」を保有し、工場では160機が「ほぼ完成」していた。）

イギリス空軍が8月29日から30日にかけてベルリンを空襲した翌日、ヒトラーは住宅地に対する「テロ攻撃」にならないことを条件に「ロンドンへの報復攻撃」を承認した。新しい攻撃目標のコードネームをロギ（北欧

戦前にドイツ空軍が隠密裏に撮影したロンドンの航空写真。第11飛行群隷下の方面指揮所への爆撃は効果がないと判断し、ゲーリングはロンドン空爆で戦闘機軍団を「消耗戦」に引き摺り込むことを決意した。ゲーリングは、「消耗戦」でドイツ戦闘機部隊が勝利することを確信していた。（NARA）

神話の巨人で火の神）とし、対戦闘機戦闘を増やしてイギリス南東部の航空優勢を獲得するという作戦目的の追求と併せることで、この作戦をゲーリングはイギリスを降伏させて戦争を勝利して終わりにする機会と捉えた。

ゲーリングとドイツ空軍総司令部（ObdL）の参謀は、朝に航空艦隊が大雑把ながら入念に撮影したイギリス空軍飛行場の航空偵察写真から、地上ではイギリスの航空機をほとんど破壊できていないことを確認した。航空写真には着陸地が多数の爆弾痕で穿たれているのが写っていたが、残念ながら航空機の残骸を意味する焦げ跡はほとんどなかった。唯一、作戦が奏功しているとみられていたのは、過大な戦果報告に基づいてはいたが、戦闘機部隊の空対空戦闘であった。唯一の軍歴が第１次世界大戦における戦闘機パイロットであったゲーリングは、これを解決策として捉えた。ロンドン防衛の必要性から、撃墜率においてドイツ航空艦隊の優位性が決定的であることが証明されたとみられている中でもダウディングは、ゲーリングの言葉を借りれば「最後の50機のスピットファイア」まで戦闘に投入せざるを得なかった。しかし、ヒトラーの注意事項に反しないようにするため、8月1日の指令第17号に従って、ロンドン東端のドックのみが攻撃目標とされた。

9月7日

素晴らしいファンファーレに迎えられ、ゲーリングは「彼のドイツ空軍」がロンドンに向けて上空を通過する様子を視察するため、キャップ・ブラン・ネに到着した。彼は、ナチス宣伝省のラジオ特派員を通じて、ドイツ国民に「イギリスとの戦争にあたりドイツ空軍の全指揮権を引き継いだ」と発表していたからだ。ゲーリングの大胆な布告は、とにかく彼にとって、イギリスの首都に対する最初の大規模攻撃は戦術的な重要性よりもプロパガンダとしての価値が優っていたことを意味していた。

この最大戦力は、合計348機の爆撃機と、これに随伴する617機のBf109と31機のBf110で編成された。この戦力は、ドイツ空軍が「ヴァルハラ」と呼称した、同じ攻撃目標を5分間隔で攻撃する２つの巨大な編隊で構成されていた。最初に第2航空軍団が3個の爆撃航空団（第2、第3と第53爆撃航空団）の全ての運用可能な爆撃機である176機を発進させ、これを4個の戦闘航空団（第2、第3、第51と第52戦闘航空団）が援護した。その約30分後に、第1航空軍団の3個の爆撃航空団（第1、第30と第76爆撃航空団）の運用可能な全ての爆撃機となる137機と第4、第26と第54爆撃航空団の爆撃機35機が

9月7日、ゲーリングはダウディングの戦闘機軍団の「終わりの始まり」を見届けるため、キャップ・ブラン・ネにある防弾の掩体壕で「聖なる山」として知られるケッセルリンクの先進的な司令部に赴いた。（NARA）

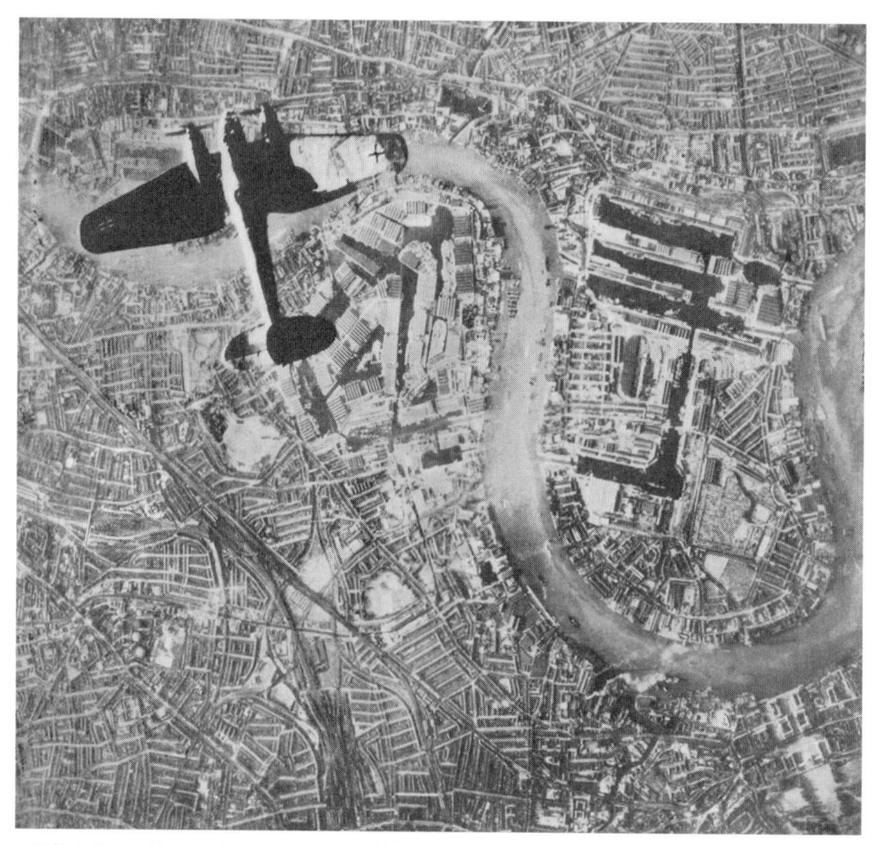

最初の爆撃が行われた9月7日には、爆撃機348機がロンドンのイースト・エンド・ドック、ウーリッジ兵器廠、そしてテムズ川沿いの工場と石油施設を爆撃した。(IWM C 5422)

続き、これを3個の戦闘航空団（第26、第27と第54戦闘航空団）が護衛した。その後、2個の駆逐航空団（第2、第76駆逐航空団）が発進し、各「ヴァルハラ」が攻撃した後の対戦闘機掃討と離脱時の援護にあたった。

第2航空軍団は、パ・ド・カレーの上空において高度14,000～20,000フィートで集合し、カレーとグラヴリーヌの間を北上した。スウィンゲートとダンコークの早期警戒レーダーが15:54に大編隊を探知したが、レーダーの指向方向に垂直に飛行していたため、距離情報が接近から離脱へと転じたので再びプロッターを混乱させた。16:16に沿岸監視部隊がケント沿岸地方のノース・フォアランドとディールとの間を「何百機」ものドイツの爆撃機と戦闘機が西進していると報告して初めて、アックスブリッジ（第11飛行群の作戦室）の管制官は襲撃部隊の正しい位置と方位を把握できた。1分後に11個飛行隊中の最初の飛行隊が「緊急発進（order off）」し、その6分後に残りの10個飛行隊を「5分待機」に指定した。ケッセルリンクに方面指揮所や「補助飛行場」を繰り返し攻撃されたことを受け、ビギン・ヒル、クロイドンとノースノース・ウィルドでは6個飛行隊が基地防衛のための戦闘空中哨戒（CAP）を実施した。

この攻撃経路をとった戦術的な狙いは、レールツァーの第2航空軍団からなる「ヴァルハラ」がパークの戦闘機を北部と東部へ引き寄せ、それに続いて侵攻する第1航空軍団が目標地域に対して直接的な経路を飛行できるようにすることであった。グラウエルトの第1航空軍団からなる「ヴァルハラ」は海峡の最狭部、つまりフランスのグリ・ネ岬とブローニュの間からダンジネスとハイスの間のイギリス海岸へと飛行し、ケント州を越えて北西に向かった後、セブノークスとウェスト・ハムの間でロンドン中心部へと針路を変えた。この戦術は成功した。ロンドンの大規模な港湾施設が2つのドイツ軍の編隊に挟撃されようとしていることに気づいたCセクターとDセクターの管制官が6個のCAP中の飛行隊にテムズヘブンとティルベリーのドックを守るよう緊急指令を発したが、交戦できたのは4個飛行隊（第43、第73、第249と第303飛行隊(第303飛行隊はポーランド人義勇兵の部隊)）のみであり、しかも爆撃機が目標地域に到達した後だった。また、ドイツ援護機の強大な壁を突破しようとして多大な損失を被った。

16:40から16:55の間にウーリッジ兵器廠とサリードックに降った爆弾の雨には、100発以上の大型の新型爆弾SC1800（1,800kg：3,968ポンド）「サタン」が含まれていた。クリフとテムズヘブンの石油タンクや、ロザハイス、ライムハウス、ミルウォールと他の区域の倉庫、穀倉、住宅地区が爆撃され、ベクトンの大規模なガス工場が爆発炎上し、ウェスト・ハムの発電所が破壊された。

リー・マロリーの「ダックスフォード航空団」（第19、第242と第310飛行隊(第310飛行中隊はチェコ人義勇兵の部隊)）は、Fセクターの飛行場を防衛

ドイツ空軍のロンドン爆撃は劇的であったものの、民間人の多大な犠牲と損害をよそに戦略的には意味を成さなかった。イギリス空軍が戦力を維持して戦闘機で頑強に抵抗したことは、ドイツ空軍の失望と士気の低下、そして敗北をもたらした。(NARA)

第3航空艦隊がケッセルリンクの第2航空艦隊の大規模な攻撃に続いた。247機の夜間爆撃機が20:10から04:30までロンドンを波状攻撃し、330トンの爆弾と440トンの焼夷弾を投下した。大火災により発生した強大な煙幕のため、翌日に連続して攻撃することはできなかった。(NARA)

するために派遣されたが、空中での集合に失敗し、南に急行してテムズ川の河口へと引き上げている第１航空軍団と各個に交戦した。第73飛行隊のハリケーンが、第2航空軍団の駆逐機部隊の一部を要撃している間に、第10飛行群から更に2個編隊（第234、第609飛行隊）がケントを通過して引き上げようとしている第2航空軍団を攻撃するため東に急行し、1機も撃墜されることなく7機のBf110を撃ち落とした。別の部隊も爆撃機が離脱する間に戦闘に加わり、合わせて4機のハインケルと2機のJu88を撃墜したが、15機のハリケーンと13機のスピットファイアを失い、12名のパイロットが戦死した。少なくとも17機の要撃機がBf109に撃墜された。Bf109が撃墜を受けたのは10機であり、これに加えて2機が行方不明となった。「撃墜

9月15日の最初の攻撃は、27機のDo 17Zによるバタシー電車車庫の爆撃と、それに続く52機のHe 111と62機のDo 17Zによるロンドンのイースト・エンド・ドックへの攻撃だった。
（Bundesarchiv Bild 1011-341-0456-04、Photographer Falkerts）

率」は、ドイツ空軍にとって十分ではあるが劇的ではない1.7対1であった。

ゲーリングは、戦闘機部隊による93機に及ぶイギリスの戦闘機の撃墜戦果（実際より3.3倍も過大であった）に非常に満足していた。しかし、むしろゲーリングは、448人の民間人が死亡し、1,337人が負傷したロンドンと周辺部の理不尽な破壊を楽しんでいるかに見えた。ゲーリングは、嬉々として「ロンドンは燃えている… ［そして］初めて［ドイツ空軍が］敵の心臓部に一撃を加えた」と報告した。激しい昼間爆撃は、第3航空艦隊の318機の爆撃機に引き継がれた。これらの爆撃機は、9ヶ所で大火災を起こしているロンドンのイースト・エンドを襲撃し、20:10から翌朝の04:30までの間に330トンの爆弾と440トンの焼夷弾を投下した。これにより火災は猛威を増し、3日間にわたり都市を燃やし続けた。

9月8日から14日

翌日は、油質の黒煙が巨大な幕となりロンドンへの攻撃が妨げられたため、第2航空艦隊は飛行場の爆撃へと回帰した。60機のDo 17（第2爆撃航空団第Ⅱ、第Ⅲ飛行隊）が、1回の襲撃でデットリング、ホーンチャーチ、グレーブセンド、ウェスト・マリングの各飛行場を攻撃した。9月9日の襲撃では、ロンドンのドック、ブルックランズの工場、そしてファーンボローの王立航空研究所を爆撃しようとしたが、合計66機からなる爆撃機（第1、第30と第53爆撃航空団）の編隊は撃退され、攻撃力の10%を失った。この敗北からヒトラーは航空優勢を未だ獲得できていないと判断し、アシカ作戦の開始の決定を9月14日まで延期した。これにより、S日は9月23日にずれ込んだ。

翌日は天候不良により大規模な攻撃を行えなかったが、11日にはマティーニの通信傍受部隊による4ヶ所のCHレーダーへの電子妨害で作戦が再開された。ノイズ妨害の成否は、妨害電波の出力と目標からのレーダー反射波との強度の優劣による。カレー上空で空中集合する編隊はレーダーで探知可能であったが、目標から反射してくる電波の強度が妨害電波を上回る（バーン・スルーする）まで気づかれず、「消失」している状態だった。ロンドンのドック、ブルックランズの工場、ビギン・ヒル、ケンリー、ホーンチャーチを目指している200機の爆撃機を探知できた距離は、パークの管制官が防衛態勢を構築するのに十分だった。しかし、要撃する9個の飛行隊は、爆撃機を援護していたBf109の上空からの急襲により「釘付け」にされてしまった。爆撃機の損失率は半減したが、7機の「エミール」の損失でイギリス軍の28機の要撃機を撃破したことこそが、ナチスを

9月15日、爆撃機の上空にいる援護戦闘機を「排除」するためにスピットファイアの3個飛行隊が交戦を開始すると、パークはハリケーンの6個飛行隊に対して、最大戦果と相互支援のためにペアで攻撃するように命じた。これらの攻撃で1機のDo17Zを撃墜したほか、13機に損傷を与えて爆撃機の編隊に任務を中止させた。（IWM CH 1503）

して今や航空優勢の獲得による勝利が遠くはないとの自信を蘇らせた。

その後2日間にわたり、断続的な雨と低い雲が作戦の実行を妨げた。そして9月14日にヒトラーは、ドイツ空軍の目的達成を決定的に阻害している天気を非難しながら、侵攻開始の決定を9月17日まで延期した。また、Ｓ日は、アシカ作戦を決行するにあたりドイツ海軍総司令部の「機会の窓」が開いている最後の日である9月26日へと遅らせた。その日の午後、第２航空艦隊は、大規模な援護機を随伴させて限定的な爆撃を行った。この攻撃にあたり、より入念かつ効果的に4ヶ所のCHレーダー局を妨害したことに加え、9機のJu88（第1爆撃航空団第Ⅲ飛行隊）が南部の沿岸にある3ヶ所のレーダーを攻撃したことにより、ドルニエとハインケルは迎撃を受けることなくブライトンとイーストボーンを爆撃することができた。この攻撃により、60人の民間人が犠牲となった。20機のHe111（第4爆撃航空団）がディール近傍の海岸を通過して内陸部に侵攻し、まだらに発達している雲の上を飛行してロンドン南東部を爆撃しようとしたが、悪天候に目標の変更を強いられてキングストンとウィンブルドンに爆弾を投下した。これにより49名の民間人が死亡した。

パークは、この爆撃に対処するために22個の飛行隊を緊急発進させた。しかしながら、激しい電子妨害が防御側を不利な立場にし、広範囲に広がる雲が監視哨の目視を妨げたため、侵攻部隊に会敵できたのは11機の要撃機のみであり、わずか3機のハインケルを撃墜しただけだった。この襲撃にあたり大規模な自由掃討を行った戦闘機部隊は、多大な「撃墜戦果」とともに「敵側は明らかにまとまりがなく、組織的ではなかった」と報告した。ついにダウディングの戦闘機軍団は、あと一押しの最大戦力による攻撃で完全に壊滅できるかもしれない「ロープぎわ」に追い込まれたようだった。

ロンドンへの2回の大規模な昼間爆撃の間に生じた1週間の中断期間中に、イギリス空軍の要撃機と対空砲は28機の爆撃機を撃墜したが、61機のハリケーンとスピットファイアがBf109と駆逐機によって撃墜された。イギリス軍に撃墜されたBf109は22機、駆逐機は11機であった。明らかに変更後の作戦戦略は奏功しており、「エミール」の撃墜率は平均して概ね2対

「鷲攻撃」フェーズⅢ　1940年9月15日の大規模な攻撃

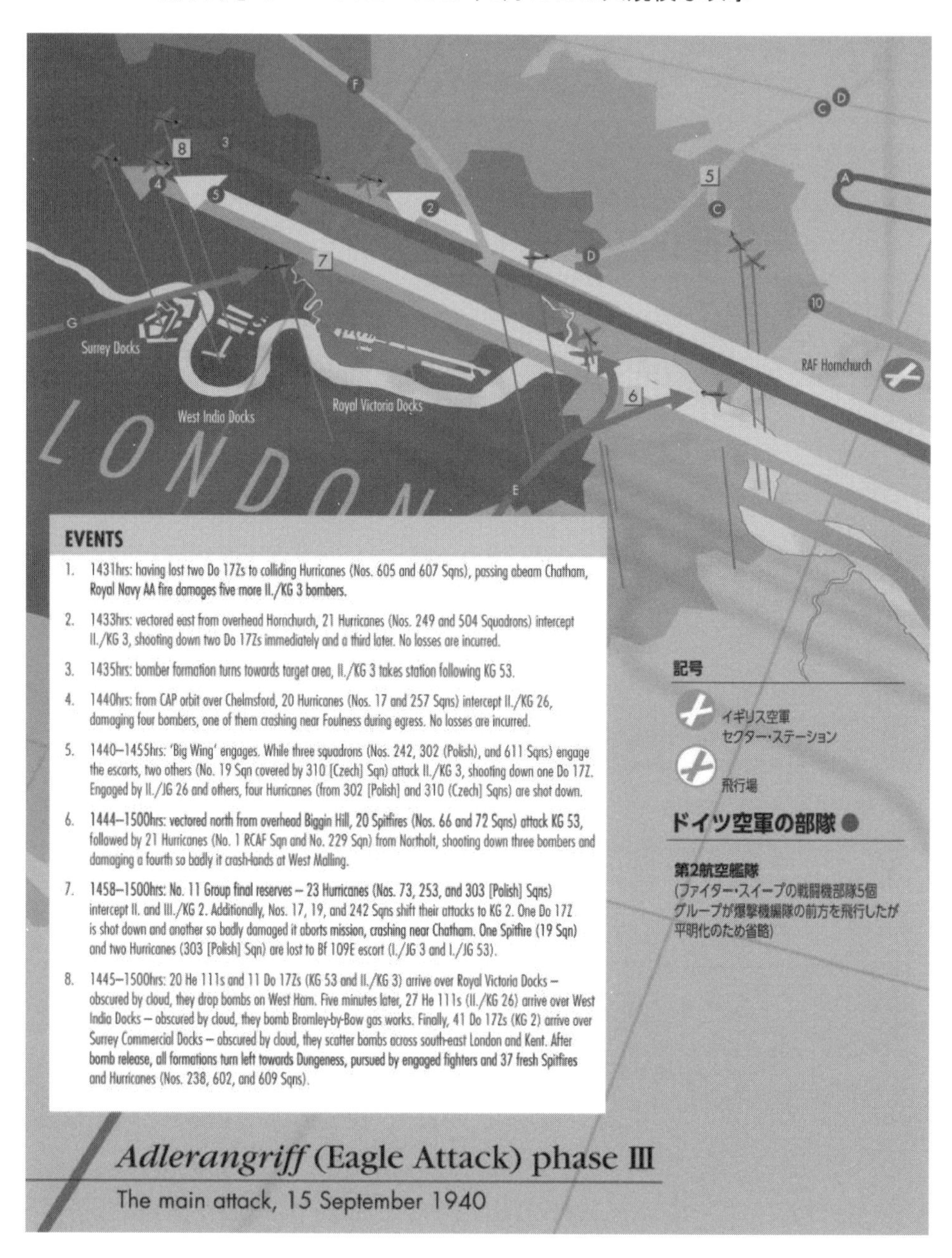

（→口絵参照）　　　※地図中の「EVENTS」の和訳は134頁参照

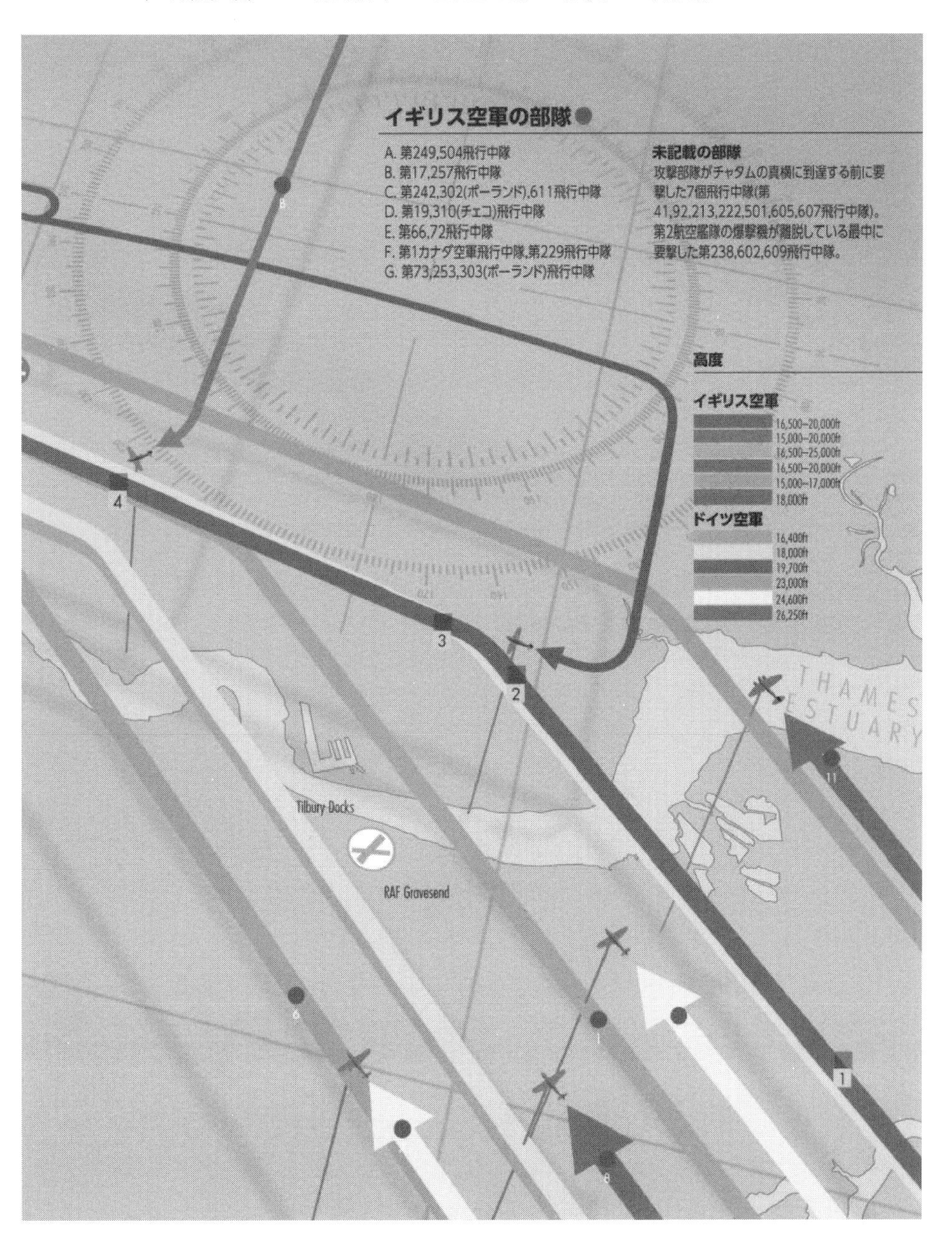

■132頁図中の「出来事」(EVENTS)

1. 14:31:
第605と第607飛行隊のハリケーンにより2機のDo17Zが撃墜され、チャタハムの真横を通過時にイギリス海軍の対空砲により5機以上の第3爆撃航空団第Ⅱ飛行隊の爆撃機が被害を受ける。

2. 14:33:
第249と第504飛行隊のハリケーン21機がホーンチャーチ上空から東に進出し、第3爆撃航空団第Ⅱ飛行隊を要撃してすぐに2機のDo17Zを撃墜し、その後に3機目を撃墜。イギリス側に損害なし。

3. 14:35:
爆撃機編隊が攻撃目標地域に向け変針し、第53爆撃航空団の後に第3爆撃航空団第Ⅱ飛行隊が続いた。

4. 14:40:
チェルムズフォード上空でCAPしていた第17と第257飛行隊の20機のハリケーンが第26爆撃航空団第Ⅱ飛行隊を要撃。爆撃機4機に損害を与え、その内の1機が離脱時にファウルネス島の近郊に墜落。イギリス側に損害なし。

5. 14:40-14:55:
「ビッグ・ウイング」が交戦。3個飛行隊(第242、第302と第611飛行隊(第302飛行隊はポーランド人義勇兵の部隊))が援護戦闘機と交戦している間、他の2個飛行隊(第310飛行隊(チェコ人義勇兵の部隊)に援護された第19飛行隊)が第3爆撃航空団第Ⅱ飛行隊を攻撃し、1機のDo17Zを撃墜。第26戦闘航空団第Ⅱ飛行隊等との交戦により、4機のハリケーン(第302と第310飛行隊所属機)が撃墜された。

6. 14:40-15:00:
第66と第72飛行隊の20機のスピットファイアがビギン・ヒル上空から北進して第53爆撃航空団を攻撃。これにノースホルトから飛来したカナダ空軍の飛行隊と第229飛行隊の21機のスピットファイアが加わり、3機の爆撃機を撃墜。損害を与えた4機目はウェスト・マリングに不時着。

7. 14:58-15:00:
第11飛行群の最後の予備戦力である第73、第253と第303飛行中隊(第303飛行隊はポーランド人義勇兵の部隊)の23機のハリケーンが、第2爆撃航空団第Ⅱ、第Ⅲ飛行隊を要撃。これに加えて、第17、第19と第242飛行隊が攻撃目標を第2爆撃航空団に転換。1機のDo17Zを撃墜し、もう1機が大損害を受けて任務を中止した後にチャタム近郊に墜落。第19飛行隊の1機のスピットファイアと第303飛行隊の2機のハリケーンが、援護機のBf109E(第3戦闘航空団第Ⅰ飛行隊と第53戦闘航空団第Ⅰ飛行隊)に撃墜される。

8. 14:45-15:00:

20機のHe111と11機のDo17Z(第53爆撃航空団と第3爆撃航空団第Ⅱ飛行隊)がロイヤル・ビクトリア・ドックの上空に到達したが、雲で攻撃目標を視認できず、ウェスト・ハムに爆弾を投下。その5分後に27機のHe111(第26爆撃航空団第Ⅱ飛行隊)がウエスト・インディア・ドックの上空に到達したが、雲に遮られたため、ブロムリー・バイ・ボウのガス工場を爆撃。最後に、41機のDo17Z(第2爆撃航空団)がサリー・コマーシャル・ドックの上空に到達。雲に邪魔をされたため、彼らはロンドン南東部とケントに爆弾を撒き散らした。爆弾投下後に全ての編隊は左旋回してダンジネスに向かい、交戦していた戦闘機に加えて新たに飛来した第238、第602と第609飛行隊の37機のスピットファイアとハリケーンによる追撃を受けた。

1であったが、いかなる消耗戦略とも同じように時間を必要とした。そして、時間こそが、ドイツ空軍が使い果たしてしまったものだった。

9月15日

10:10にフランスのボーヴェ近傍の基地から出撃した27機のDo17Zは、北上しながら上昇した。そして、ブローニュ南部の海岸に接近しながら、約100機のBf109（第3、第53戦闘航空団）が合流してくるのを見て喜んだ。その前方では、さらに100機（第27、第52戦闘航空団）が掃討任務についていた。10:50にライのCH局が初度探知を報告すると、その直後から更に数ヶ所のCH局が幅広いレーダーの範囲に向かって上昇してくる援護戦闘機を捉えた。パークは、21個飛行隊のうち11個飛行隊に「出撃準備」を指示し、ブランド（第10飛行群）とリー・マロリー（第12飛行群）と情報を共有した。そして、11:03にビギン・ヒルから上昇性能に優れたスピットファイアで編成した2個編隊（第72、第92飛行隊）を「緊急発進」させ、カンタベリーとダンジネスの間を25,000フィートでパトロールさせた。

主力による攻撃の前に「防空をかき乱し」てパークの部隊を疲弊させる

ため、ステファン・フロリッヒ（Stefan Fröhlich）中佐のドルニエが11:35にフォークストン近傍のイギリスの海岸を通過した時、Cセクターの管制官はスピットファイアを迎撃に向かわせるとともに、4個飛行隊を緊急発進させた後でさらに2個飛行隊を加えて合計43機のハリケーンを指向した。ブランドはブルックランズを防衛するため1個飛行隊（第609飛行隊）を発進させ、リー・マロリーは彼の「ビッグ・ウィング（Big Wing）」（第19、第242、第302（ポーランドの部隊）、第310（チェコの部隊）と第611飛行中隊の56機のハリケーンとスピットファイア）を「緊急発進」させてデブデンからホーンチャーチを哨戒させた。

約10分後に20機のスピットファイアがカンタベリーの上空で侵攻してくる敵機と交戦し、すぐに第603飛行隊も加勢したが、ドイツ側の援護戦闘機が要撃を受け流し、双方ともに損害は発生しなかった。正午には、ハリケーン飛行隊の3個ペアのうち最初のペアがロンドンに接近する爆撃機を真正面から攻撃した。空の7割方が高さ12,000フィートの積雲と層雲で覆われて益々天候が悪化する中、ドルニエは攻撃目標であるバタシーの電車車庫に向けて飛行し続けた。要撃機は最終的にドイツ側の援護戦闘機の防御網を突破して6機のドルニエを撃墜したが、巨大な渦を巻く空中戦で11機のハリケーンとスピットファイアを損失した。9機の「エミール」が撃墜され、10機目が戦闘後に海峡へ不時着水した。

12:09に目標地域に到達すると、フロリッヒの爆撃照準手は、密集した雲の中に大きな穴を見つけ、そこから23トンの爆弾のほとんどを投下してプーパーツ高架橋の線路を遮断し、全ての鉄道の運行を停止させ、24人を死亡させた。ドルニエが首都ロンドンを通過して南東方向に変針した時、ダグラス・ベーダー（Douglas Bader）少佐が率いる「ビッグ・ウィング」が側面攻撃を仕掛け、ケントの海岸線に向かう隊形の乱れた編隊を追撃したが、目立った戦果は得られなかった。

フロリッヒの襲撃が、その日の戦いの火蓋を切っている間、ケッセルリンクの更に大規模な後続の攻撃がロンドンのイースト・エンドにある3つの大型民間造船所に大損害を与えるために計画された。これは、戦闘機軍団を決戦へと誘き寄せるためのものだった。エーリッヒ・シュタール

(Erich Stahl) 大佐の第53爆撃航空団が率いる攻撃部隊は、フィンク大佐の第2爆撃航空団第Ⅱ、第Ⅲ飛行隊のDo17の左側と、第3爆撃航空団第Ⅱ飛行隊に続いて新しく到着したフックス大佐の第26爆撃航空団第Ⅱ飛行隊の右側に列をなした。これらの攻撃部隊が集結した時、第26戦闘航空団と第51戦闘航空団は大規模な自由掃討を行うため前方に位置し、6個の戦闘飛行隊（第2教導航空団第Ⅰ飛行隊(戦闘機)と第3、第26、第53と第77戦闘航空団の5個飛行隊）は爆撃機編隊の上空で援護するために上昇した。第54戦闘航空団第Ⅲ飛行隊は爆撃機編隊の近接援護機として飛行し、20機の複座戦闘機（第26駆逐航空団第Ⅰ飛行隊と第1教導航空団第Ⅴ飛行隊(駆逐機)）が右側の配置についた。360機の戦闘機に護衛されて、114機の中型及び軽爆撃機が幅6.5マイルの編隊でロンドンのイースト・エンド・ドックに向けて飛行し、海峡を西向きに通過してダンジネスを確認してから攻撃目標を目指して北西に針路をとった。

◎「ビッグ・ウイング」との対決

「来たぞ…最後の50機のスピットファイア…」
無名の戦闘機パイロット。1940年9月15日に「ビッグ・ウイング」の接近を見て。

振り返ってみると、1940年9月15日のロンドンのイースト・エンドの造船所に対する第2航空艦隊の爆撃は、一般的に「バトル・オブ・ブリテン」のクライマックスと見なされている。これは、ある意味では当たっていた。ドイツ空軍の爆撃機戦力が低下するにつれ、ドイツ空軍の搭乗員の間では、イギリス空軍の戦闘機軍団も同じような状況にあることと、ドイツ空軍総司令部の情報部が断言していたような「消耗した戦力」であることが渇望された。しかしながら、その日に攻撃部隊が第12飛行群の「ビッグ・ウィング」とロンドン上空で激突したことは、ドイツ空軍の士気と希望に深刻で壊滅的な衝撃を与えた。

114機の爆撃機がイギリスの海岸線を通過した時、パーク少将のCセクターの管制官は、「早期要撃、大量撃破」というダウディングのドクトリンに従い、9個飛行隊に20～25分間隔で波状攻撃させ、攻撃部隊の12.28%にあたる

14機の爆撃機を撃墜または反転帰投させた。リー・マロリー少将が強引に売り込んだ「ビッグ・ウィング」は、攻撃部隊がロンドンに向かってフェイントをかけ、実際にはノース・ウィールドとデブドンと他の首都北東部にある目標を爆撃しようとする場合に備えていた。5個飛行隊からなる「ビッグ・ウイング」は、目標地域で攻撃部隊を要撃する13個部隊の一部であり、全体で撃墜した11機の爆撃機のうち4機が「ビッグ・ウイング」のスピットファイアとハリケーンによるものだった。

目標地域へと接近すると、主力爆撃機の１つである第53爆撃航空団参謀飛行隊所属のHe111H-3（識別番号A1+DA)は、第242飛行隊のハリケーンに正面から攻撃された。不屈の飛行隊長ダグラス・ベーダー少佐が率いる第242飛行隊は、ハリケーンI LE-D/V7467を駆使して爆撃機の右側の死角から攻撃した。フェルドウェベルス・ベンツ、シオンバー、シュバイガー、ウッフ・マイヤー、ガイガーが搭乗したハインケルは波状攻撃に見舞われ、2分と経たずに炎上して目標地域のすぐ西側にあるウーリッジ兵器庫のトリプコット埠頭の近傍に墜落し、全員が死亡した。

13:45に攻撃部隊を探知し、その15分後にパークは再び要撃機の出撃を開始した。最終的に緊急発進対象部隊と全21個飛行隊の185機のスピットファイアとハリケーンがシュタールの率いる空中の無敵艦隊（訳者注：スペインの無敵艦隊もイギリス海軍の前に敗退したことから用いられている表現と思料）と対決した。14:15にCセクターの管制官はスピットファイアの3個部隊（第41、第92と第222飛行隊）に攻撃を開始させ、次にペアを組んでいる3個のハリケーン部隊（第213/607、第501/605と第249/504飛行隊）を5分間隔で会敵させた。これらの攻撃はドイツ側の援護戦闘機による巧みな反撃を受け、パークの主力部隊（8個飛行隊）と予備戦力（3個飛行隊）そしてリー・マロリーの「ビッグ・ウィング」（この時点で47機）が駆けつける前に100機の爆撃機が編隊を保ちながら目的地域に到達した。しかしながら、襲撃部隊は悪天候のため個々の造船所を特定することができず、ほとんどの爆弾をウェスト・ハム、ブロムリー・バイ・ボウと隣接地域に投下してから母基地へと反転した。

9月15日の攻撃部隊の主力は、沿岸地域から目標地域までの間に9個飛行隊による激しい攻撃を切り抜けた後、ロンドンのイースト・エンド上空において第12飛行群の「ビッグ・ウイング」を含む13個飛行隊のハリケーンとスピットファイアと正面衝突した。ついに戦闘機軍団は既に敗北した敵であるという幻想が打ち砕かれた。
（IWM CH 740）

多くの援護戦闘機がケント通過時の戦闘で「剥ぎ取られ」てしまったため、爆撃機は目標地域の上空に到達してから離脱するまでの間が非常に脆弱となり、合計で14機のDo17Zと7機のHe111Hが撃墜された。これに対して防空側は9機のハリケーンと3機のスピットファイアを失った。その半分は、Bf109に撃墜されたものだった。第2航空艦隊は要撃機との戦闘で12機の「エミール」と3機の複座戦闘機を失った。

ほぼ同じ頃、シュペルレの第3航空艦隊は2つの小規模な襲撃を開始した。ヴィラクブレーから27機のHe111P（第55爆撃航空団第Ⅲ飛行隊）が当初はサウサンプトンに針路をとり、接近する途中で西に変針してポートランドの海軍基地の攻撃に向かった。アシカ作戦が2日後に開始される計画であり、この襲撃はイギリス海軍が再び海峡横断作戦に脅威を与えないようにするためのものであった。爆撃では5発の爆弾が海軍施設内に落ちたのみで、ほとんど損害はなかった。また、襲撃部隊は6機のスピットファイア（第152飛行中隊）に要撃され、1機のハインケルが撃墜された。この攻撃から約2時間後に18機のBf110戦闘爆撃機（第210試験飛行隊第1、第2飛行班）がウールストンにあるヴィッカーズ・スーパーマリンのスピットファイア工場を低高度爆撃で奇襲したが、目標に命中させられず損害を与えられなかった。

総合すると、2つの航空艦隊のソーティ数は爆撃機が218、戦闘機が799であり、天候偵察機を含めて32機の爆撃機と26機の戦闘機の合計56機を失った。ドイツ空軍の首脳陣は、この日の攻撃に大きな期待を寄せていた。ドイツ空軍総司令部は、この攻撃を「決め手となる一撃」と見做していたのである。この攻撃は決定的であったものの、ゲーリングや彼の参謀が期待していたようなものではなかった。ゲーリングの期待を一身に背負っていた戦闘機の撃墜率は対等の1対1であった。また爆撃機の損耗率は約15％に達しており、これは作戦の続行や戦力の維持が絶望的な減少率であった。

中高度での集中攻撃でドイツ空軍の爆撃部隊は敗北を喫したが、第210試験飛行隊の成功に勇気付けられて、ドイツ空軍総司令部はBf109E-4とE-7によるロンドンへの小規模な嫌がらせとなる襲撃を計画した。各戦闘航空団は、各飛行隊に1個ずつで合計3個の戦闘爆撃機の飛行隊を編成するよう命じられた。10月には140回の単独攻撃が行われ、戦闘爆撃機のソーティ数は2,633であった。（Private Collection）

9月15日の戦いは、ゲーリングとドイツ空軍への信頼に深刻な打撃を与えた。その一方で、イギリスの戦時プロパガンダ、そして以後の歴史は、イギリス空軍の成功の偉大さを大幅に過大評価した。戦闘機軍団は、BBCを通して声明を発表した。この全国放送が、誤情報を「バトル・オブ・ブリテン」神話の正典として永遠に固めることになった。戦闘機軍団は、要撃機のパイロットと対空砲の射手が、185機のドイツ機を撃墜したと発表したのである。（戦後、この「誤り」は撃破したドイツ機の機数を60機に減ずることで修正された。この数は、正確な数値に非常に近いものであった。しかし、この時までイギリス国民は、記録の修正にほとんど関心を寄せていなかった。）ただし、この声明は、イギリス空軍の低下した士気の高揚や、イギリス国民が募らせる落胆、不満そして不安を和らげるために切望された強壮剤であった。その後のアシカ作戦の中止*がクライマックスとしての認識を高めたことと相まって、このプロパガンダは大成功を収めた。そして、毎年9月15日は「バトル・オブ・ブリテンの日」として祝われることになる。

しかし、慢性的な疲労にあるイギリス空軍パイロットと、激しく意気消沈したドイツ空軍搭乗員にとって、この日は不毛な戦いが連続する毎日の中の苦い1日に過ぎなかった。作戦は続けられたが、やがて別の展開を見せるようになった。

*厳密な表現としては「無期限延期」であるが、結果は同じであった。

鷲攻撃の終わり

ゲーリングのドイツ空軍総司令部の移動式指揮所「ロビンソン」がブローニュ駅に到着したのは9月15日であった。その翌日、国家元帥は最後の「鷲攻撃会議」を主宰した。前日の作戦結果に動揺したゲーリングは、「4日か5日にわたり大損害を与えることで奴ら（イギリス空軍）を壊滅させられる」との予想を述べた。第2航空艦隊戦闘機軍団の新司令官であるテオドール・オステルカンプ（Theodor Osterkamp）少将は、ベーダーの「ビッグ・ウィング」と戦った戦闘機パイロットの報告を披露した。それは、「イギリス軍は新しい戦術を採用した。彼らは今や強力な戦闘機の編隊を組んで攻撃してくる。……昨日は、この新しい戦術が我々に不意打ちを食らわせたのだ」というものだった。ロンドン攻撃を押し通すという考えに部下の司令官たちが異議を唱えることを望まなかったゲーリングは、「それこそ我々が望んでいたことだ！奴らが集団で来れば、我々は奴らを一網打尽で撃墜できるではないか」と返した。

しかし、ゲーリングには戦闘機軍団を壊滅するための「4日か5日」という時間がなかった。9月17日にヒトラーはアシカ作戦を無期限に延期した。支援するはずの侵攻作戦がなくなり、攻勢対航空（OCA）作戦としての鷲攻撃は終わった。敗北の事実を認めたくないゲーリングは、第2航空艦隊司令官にロンドンへの爆撃を、第3航空艦隊司令官にイギリス航空産業への攻撃の継続を強行させた。ゲーリングのうぬぼれが強い絶望的な希望は、「イギリスを、ドイツ空軍が単独で士気と経済に影響を及ぼすことで、降伏させること」であった。ヒトラーは、このような楽観的な期待を抱いてはいなかったにせよ、アシカ作戦の中止を気づかれることへの恐れから、イギリス政府あるいは国民への圧力を緩めたくはなかった。

ゲーリングは、彼のいう「4日から5日間」の激しい攻撃を行う機会を9月の最終週に得た。25日にケッセルリンクは爆撃機の275ソーティをもってロンドンを攻撃した。また、シュペルレは58機のHe111（第55爆撃航空団）でフィルトンのブリストル工場を爆撃し、新造された8機のブレニムとボーファイターを破壊し、多数機を損傷させたほか、357人の死傷者を出したことで、その後の数週間にわたり生産を停止させた。その翌日には、強力な援護機に伴われた59機のハインケル（再び第55爆撃航空団）がウールストンのスーパーマリン工場に70トンの爆弾を投下し、89人の死傷者を出させ、3機のスピットファイアを破壊したほか20機以上を損傷させ、その後の生産を一時的に中断させた。

翌日、ケッセルリンクは3波にわたりロンドンを攻撃し、シュペルレは再度ブリストル工場を攻撃したが、ほとんどの襲撃部隊は目標に到達する前に反撃を受けて甚大な被害を被った。9月30日の最終日に、ケッセルリンクは1,000ソーティの戦闘機に援護された173機の爆撃機を投入し、2波に分けてロンドンを攻撃した。その一方で、シュペルレは40機のハインケル（第55爆撃航空団）をヨービルのウェストランド工場を爆撃するために出撃させた。この攻撃ではわずかに30機の爆撃機（第30爆撃航空団）だけがロンドンに到達し、軽微な損害を与えた。また、第3航空艦隊の攻撃は、雲により失敗に終わった。要撃任務についたハリケーンとスピットファイアは、侵攻部隊を遥かに圧倒して16機の爆撃機と27機のBf109を撃墜し、味方機の損失はわずかに16機だった。アドルフ・ガーランドは、次のように話している。「ゲーリングは終わった。彼は、爆撃機の悲痛な損失が如何にして増え続けているのかを、単に理解できなかったのだ。」

このロンドン上空での昼間帯における最後の大規模な戦闘の後、大規模な編隊が姿を現すことはなく、昼間帯の襲撃は着実に減少していった。9月7日にゲーリングが開始した消耗戦への作戦戦略の変更は、ドイツ空軍を勝てなくするものだった。ちょうど1ヶ月後、2個の航空艦隊は爆撃機を1,131機から約800機へ、戦闘機を813機から600機へと減少させられた。さらに状況の悪化に拍車をかけたのは、整備性の深刻な影響であった。前線飛行場で効果的に整備や修理を行う能力が欠けていたため、深刻な損傷を受けた機体は鉄道またはトラックでドイツ本国にある母基地に戻さなければならないか、または他の機体を運用し続けるための共食い（訳者注：損傷などにより非可動となった航空機から取り外した部品等を利用して他の航空機を運用可能な状態にすること）に利用された。その結果、先ほどの保有機数のうち、運用可能な爆撃機は52%、戦闘機は68%のみの状況であった。これはドイツ空軍が決して回復することのない敗北を喫したことを証明するものであった。

✵ 余波と分析

AFTERMATH AND ANALYSIS

ドイツ空軍が鷲攻撃の後半における消耗戦で敗れた主な理由は、イギリスの戦闘機はBf109Eから多大な損失を被り撃墜率も不利であったものの、その生産量がドイツの「エミール」の生産量を3倍も凌駕していたからであった。(NARA)

敵の空軍はいまだ敗北などしていない。それどころか、現下の情勢は活動が増えていることを示している。全般的な気象状況からすると、海が穏やかな期間は終わろうとしている。このため、総統はアシカ作戦の無期限延期を決定した。

海軍軍令部戦争日誌　1940年9月17日

ドイツ空軍が最後の敗北を喫した9月末日以降も、回数を増やしているが運用上の効果がない戦闘爆撃機の「ヒット・アンド・ラン」(訳者注：急襲してすぐに引き上げる戦法) を除き、昼間爆撃は12機のJu88がポートランドを襲撃した10月29日まで散発的に続けられた。このポートランド攻撃がドイツ空軍の爆撃機によるイギリスに対する昼間攻撃の最後となった。その結果、イギリス空軍としては公式にバトル・オブ・ブリテンを1940年10月31日に終了した。

一方、偶然にも時期は重なるが鷲攻撃とは別に行われていた夜間攻撃は、冬を越えて翌春まで続けられた。ヒトラーの総統指令第9号と第13号に従い、ドイツ空軍のイギリスへの夜間爆撃が開始されたのは6月2日から3日にかけてであった。この爆撃は小規模な編隊がイギリスの工場地域を目標としたものであったが、その月の後半には攻撃目標が航空機工場と飛行場へと変化した。ドイツ空軍の夜間爆撃の精度は、「曲がった脚」と呼ばれる42-48MHzを使用したラジオ・ビーム長距離航法システムのおかげで、同時期にイギリス空軍が行った夜間攻撃の精度を凌駕していた。その後の10週間で、16ヶ所の工場、14ヶ所の港湾と13ヶ所の飛行場が攻撃目標とされた。

ゲーリングが第11飛行群の航空基地に対する昼間攻撃に集中することを決定した際、シュペルレの第3航空艦隊は、ほぼ夜間攻撃専門部隊へと変わっていた。8月の最後の週にシュペルレは、特にマージーサイドといったイギリス南部と西部の港湾に対する攻撃を倍増させ、4夜連続の爆撃で629ソーティを行い、496トンの爆弾を投下した。

戦闘機軍団の夜間要撃能力は揺籃期にあり、レーダー・システムは一般的に陸地上空では役に立たなかった。このため、ドイツ空軍の損失はわず

敗北はしたものの、ドイツ空軍はロンドンへの「夜間空襲(Night Blitz)」をもってバトル・オブ・ブリテンを継続した。この「懲罰作戦」により、ロンドンは57夜にわたり連続で爆撃され、4万人の民間人が死亡した。(NARA)

かであった。ゲーリングが9月3日に発出した命令はロンドンを最優先の攻撃目標とするものであり、シュペルレによる最初の攻撃は9月5日から6日にかけて70機の爆撃機で行われた。その2日後の夜から、ロンドンは57夜連続で爆撃され、100万戸以上の家屋が破壊されたり損傷を受けたりし、4万人以上の民間人が死亡した。

大いに意気消沈させた9月15日と30日の戦いの後でも、シュペルレの夜間攻撃は継続された。この攻撃は、戦略や作戦の目的を達成するためというよりも、懲罰として続けられたものだった。その後の34週間でロンドンは48回の爆撃を受けた。これによりバーミンガム、リバプール、プリマス、ブリストル、グラスゴー、サウサンプトン、ポーツマス、ハルが複数回にわたり大規模な空襲を受けたほか、8都市が単発的に爆撃され、20,000人の市民が死亡した。この「夜間空襲(Night Blitz)」は、ソビエト連邦に侵攻する「バルバロッサ作戦」の発動を1ヶ月後に控えてドイツ空軍が戦力を再編成して東方に展開しなければならなくなった1941年5月21日まで続けられた。

当初の夜間爆撃は、港湾施設を破壊して閉鎖することで、Uボートの船舶に対する攻撃による洋上での輸入の阻止と合わせてイギリスを「封鎖」することを狙いとしていた。先に述べたとおり、もともとドイツ空軍のドクトリンと首脳陣の考えでは、このような攻撃こそが決定的な結果の獲得を可能としする唯一の「戦略的な航空攻撃」の方法であるとしていた。しかしながら、包囲戦と同様に「封鎖戦略」は、総力をあげた「戦略攻撃」であるとしても、効果を発揮するまでには数ヶ月に渡る持続的な取組が必要とされるものである。これに反して、ヒトラーはイギリスとの長期戦を望んでいなかった。イギリスとの長期戦は、戦前の計画において条件とされていたことであり、フランスと低地諸国へ侵攻したことの表向きの理由づけでもあり、そしてドイツ空軍が戦略的な航空作戦の遂行を志向したにも拘らず、である。忍耐力に欠けていたヒトラーは、「上陸に成功して占領してしまえば、戦争を短期に終えられるだろう……長期戦は我々にとって望ましくない」と結論づけた。ドイツ空軍は、イギリス南部の沿岸上空での航空優勢を獲得することにより、海峡横断作戦を手助けするしかなかった。しかし、これは慌ただしい急場凌ぎの方法であり、全くもって堅実な長期的戦略に代わりうるものではなかった。

ドイツ空軍が攻勢対航空（OCA）作戦で失敗したことについては、これまで様々な議論がなされており、本書でも言及してきたところである。司令部レベルで計画を立てる参謀が不足していた。情報要約が、浅はかで単純、そして表層的であり誤解を招くものだった。そして、写真偵察が不十分であった。これらの欠陥が、航空艦隊の参謀たちに作戦計画の立案、情報の見積、偵察活動を、ほぼ独立して行わせることとなり、根本的に異なる2つの戦役が遂行されることに帰結していった。その最たる例が、CHレーダー局に対する最初の攻撃である。第3航空艦隊はヴェントナーを攻撃し、Ju88の急降下爆撃による15発の爆弾で3日間にわたり機能停止させたが、第2航空艦隊は4ヶ所のレーダー・サイトを攻撃し、戦闘爆撃機で3発または4発の爆弾を投下して3〜4時間だけ機能停止させたのである。

ほかの軍事作戦とは異なり、航空作戦の成功は、都市の占拠や地域の占領、あるいは敵軍の打倒や破壊によって評価され得ない。その代わりに、航空作戦の成否は、割り当てられた攻撃目標や宣言された目的を達成できたか否かで決まるものである。さらに、航空作戦は、敵側の空中戦での勝利宣言や損失総数との比較によって評価できるものではない。

「撃墜戦果」は、単に空中戦の激しさを示すものであり、実際に撃墜された敵機の機数ではない。「撃墜戦果」は戦時プロパガンダを煽り、しばしばアマチュアの歴史家や軍用機愛好家によって大々的に扱われているが、プロの軍事史家にとっては価値がない。なぜならば、この戦果は常に、そして大抵は大幅に、水増しされているからである。鷲攻撃におけるドイツ空軍の「撃墜戦果」は、イギリス空軍が損失した機数の2.57倍から3.32倍であった。イギリスの戦闘機軍団の戦果発表も、同様に数が水増しされていた。戦闘が最も激烈であった8月15日と18日の2日で、イギリス空軍は336機のドイツ空軍機を撃墜したと発表したが、実際は143機であり、2.38倍に誇張されていたし、「バトル・オブ・ブリテンの日」(訳者注:9月15日)は3.25倍に達していた。

これと同じように、軍事史家にとって、毎日の全ての機種のあらゆる要因に起因した損失の総数も、ほとんど意味をなさない。意味のある数値は、戦闘で実際に失われた機数であり、本書で使用されているような損失に対する補充率のみである。バトル・オブ・ブリテンの場合、ドイツ空軍は前者において「勝利」した。8月12日から9月15日までにおける「エミール」の全体的な撃墜比は1.77対1であり、2機のBf109Eを失うごとに3機を若干超えるイギリス戦闘機を撃墜していたことになる。しかしながら、イギリスの工場の毎月の生産機数は、エルラ、アラド、フィーゼラにあるメッサーシュミット工場からの補充機数を合わせた数の3倍であり、ドイツの戦闘機部隊のわずかな優位ではイギリスの戦闘機軍団を壊滅するに不十分であった。「戦闘機と戦闘機との戦い」あるいは「消耗戦」の結果から得られる計算は、ドイツ空軍にとって「バトル・オブ・ブリテン」は決して勝利することができない戦いであったことを明らかにしている。

戦闘機部隊の慢性的な戦果の過大報告と、ドイツ空軍総司令部の不十分な情報見積のため、ドイツ空軍の首脳陣は、9月15日にリー・マロリーの「ビッグ・ウィング」から衝撃的な反撃を受けるまで「消耗戦」に敗北しつつあるという事実が見えなくなっていた。ダウディングのドクトリンやパークによる「早期要撃、大量撃破」の実践とは矛盾するものの、ケッセルリンクの最後のロンドンへの大規模爆撃に対してハリケーンとスピットファイアの5個飛行中隊が真正面から激突してきたことがもたらした心理的な衝撃は、ゲーリングとドイツ空軍首脳陣のまさに中核を揺さぶった。508機の爆撃機と合計668機のBf109とBf110戦闘機を失ったことは衝撃的であり、痛烈な落胆のうちにイギリス戦闘機軍団が依然として精強な敵とし

そしてある日、もうドイツ空軍は来なくなった。(NARA)

て健在であることを気づかせるものであった。

ロンドン上空での「消耗戦」で戦闘機軍団を打倒しようとしたゲーリングの基本的な過ちは、鷲攻撃の実行に際しての主要な欠陥が、ドイツ空軍の攻撃への粘り強さの欠如であったという根本的な事実をしばしば覆い隠している。その最良の例は、散発的かつ頻繁に行われたCHレーダー・ネットワークへの軽い攻撃であり、パークの方面指揮所に対する攻撃を早期に断念したことである。

7日間のうちに11回の攻撃を受け、ビギン・ヒルは指揮所の多くの部署と全ての重要な方面指揮所が飛行場の外に移転され、「局地防衛のための飛行」しかできない状態にまで作戦能力が低下した。最小限の能力は12時間以内に復旧したものの、Cセクターの飛行隊は通信と運用能力が通常に近い状態になるまでの約1週間にわたり隣接方面に割り当てられた。もしビギン・ヒルを効果的に無力化した後で、ケッセルリンクが隣接するBセクターへの攻撃に移行することを許されていたら（実際には既に開始されていたが)、同様の取り組みの後でケンリーも9月12日までに、すなわちアシカ作戦が開始される直前にビギン・ヒルと同様に無力化できていただろうと合理的に考えられる。これらに続いてホーンチャーチも無力化されていただろう。

イギリスの統合防空システム（IADS）は、1940年当時の未発達なものではあったが、復元力があることを示しており、1つの方面指揮所が機能喪失しても全体として機能できたことは、現代の防空ネットワークにとり教訓となるものである。しかし、隣接する2つの方面指揮所の喪失は、おそらく第11飛行群が担当する空域（AOR）の南東部4分の1における組織的な防空を弱体化させただろう。これがまさにパークが懸念していたことである。彼は9月12日に次のように書き記している。「8月28日から9月5日の期間は危機的な状況であった。方面指揮所と地上の組織の被害は、戦闘機の飛行隊の戦闘効率に深刻な影響を及ぼしていた。」この時点においてダウディングは、ひどい打撃を受け続けるならば「第11飛行群をイギリス南東部から完全に撤退させざるを得ない」との結論に達していた。スピットファイアの航続距離による制限のため、テムズ川北部からの出撃では交戦空域がケント北部の上空へと移動することとなる。その結果として、これは海峡のみならずケント及びサセックス南部の港湾と海岸の上空での航空優勢をドイツ空軍に譲ることとなり、ゲーリングに勝利をもたらしていただろう。

パークとダウディングの懸念は、骨身を惜しまない粘り強さがあれば、「バトル・オブ・ブリテン」は確かにドイツ空軍が勝利を獲得できた可能性があり、史上初の独立した航空作戦の成功として記録されたであろうことを示している。しかしながら、迫り来るアシカ作戦開始の期限と結びついて増大し続ける不安に拍車をかけられた、軍用機のパイロットとしての戦歴があるといううわべのみの信頼性だけで、現代戦や航空作戦への理解を持ち合わせていない利己的で権力欲の強い政治家は、ドイツ空軍に勝利の可能性を失わせる破滅的な決定を下した。ダウディングと戦闘機軍団に勝利を手渡したことで、ゲーリングはイギリスの存続を確実にし、そのことが西洋文明に最終的にナチス・ドイツを滅ぼす機会を与えたのである。

✺ 参考文献と読書ガイド

BIBLIOGRAPHY AND FURTHER READING

圧倒的に数的劣勢にあるイギリス空軍が、この上ない勇敢さと技量によって、ほとんど奇跡的に勝利を獲得したと一般に考えられている。
テルフォード・テイラー著『砕波：1940年夏のドイツの敗北』

ワーテルローの戦いを除けば、バトル・オブ・ブリテンはイギリスの歴史的文献において、最も多くの著作のある戦いであろう。この史上初の空軍同士の激突から75年の間に、エドワード・ビショップ（Edward Biship、1960年）、ウッド・アンド・デンプスター（Wood and Dempster、1961年）、バジル・コーリアー（Basil Collier、1962年）、リチャード・コーリアー（Richard Collier、1966年）、フランシス・K・メイソン（Francis K. Mason、1969年）といった歴史家や、さらには小説家のレン・デイトン（Len Deighton、1977年）によって詳述されてきた。残念なことに、最初期の作品のほとんどは、根拠の一部として空軍省が1941年に発行した「バトル・オブ・ブリテン」に関する92頁の小冊子（公式パンフレット156）を使用している。この小冊子は戦闘から50周年を迎えるにあたり1989年に再版されているが、結果的に多くの場合において戦時プロパガンダが歴史上の事実と混同されている。

その後の歴史書は、しばしば以前からある作品を異なる表現で模倣しているだけであり、ほとんどが作戦命令レベルの文書や戦闘に従事した兵士の体験談以外にドイツの記録を詳しく調べておらず、空白の部分を推測とイギリス空軍が提供する誤った情報で埋め合わせている。これと同時に、戦果の伝説が頻繁に繰り返し語られたことは、ある種の「変容」をもたらし、ダウディングを救世主として祭り上げ、パークを教皇の座に押し上げるとともに、「かくも少数の者たち」を偶像化することとなっている。この粘り強く戦った空中戦を他の言葉で議論することは、一般的に冒涜であるとみなされている。

これらの全てに当てはまる最大の欠点は、ドイツ側の出典史料を使用していないことである。この趨勢に対する特筆すべき例外は、アルフレッド・プライス（Alfred Price）博士の業績である。より焦点を絞り込んだプライス博士の論述は、徹底的に調査して客観的に示された歴史書の典型である。ピーター・コーネル（Peter Cornell）、ドナルド・コールドウェル（Donard Cadwell）、クリス・ゴス（Chris Goss）、ジョン・ヴァスコ（Jon Vasco）、リチャード・スミス（Richard Smith）とエディ・クリーク（Eddie Creek）、そしてヘンリー・デ・ゼン（Henry de Zeng）とダグラス・スタンキー（Dougras Stankey）といった、あまり知られていない多種多様な現代の航空史家の勤勉な生涯研究による、個々の部隊や航空機の機種ごとの歴史に関する多くの非常に有益で明快な史料もある。

プライス・アンド・オスプレイ出版から多くの作品を刊行しているジョン・ウィール（John Weal）を除いて、ほとんどの主要な著者は、少なくともスティーブン・バンゲイ（Stephen Bungay）が『最も危険な敵』（Autumn Press、2001年）を執筆するまで、フライブルクにあるドイツ連邦公文書館軍事記録局（Bundesarchiv-Military）の文書を顧みてこなかった。「バトル・オブ・ブリテンの決定版」と銘打って2010年に再販されたバンゲイの作品は、これまでで最高のものであり、歯切れのよい、現代的で非常に読みやすい文体で書かれているが、鷲の日に到るまでの章に技術的、歴史的な誤りがあることに難がある。その後において、ドイツ側の史料の情報が取り入れられていることは素晴らしいことであるものの、敵国側のデータに基づいた修正が行われていないため、バトル・オブ・ブリテンにアーサー王のような伝説が含まれるという誤りが依然として増殖している。

当然ながら、ドイツが最終的に敗北した作戦をドイツ側の視点から描いた英語の歴史書は極めて少ない。唯一のドイツ語の文献として知られているのは、テオ・ヴェーバー（Theo Weber）博士の『イギリスにおける航空戦』（Huber、1956年）である。鷲攻撃とアシカ作戦の全ての司令部レベルを扱った最初の、そして最も優れた調査としては、アメリカの歴史家であるテルフォード・テイラー（Telford Taylor）の『砕波：1940年夏のドイツの敗北』（Weidenfeld & Nicolson、1967年）がある。イギリスの歴史家のE・R・ホーテン（E. R. Hooten）の『燃えさかる鷲：ドイツ空軍の衰退』（W&N、1997年）には、バトル・オブ・ブリテンの間におけるドイツ空軍の意思決定と作戦を論じた優れた節がある。ドイツの歴史家であるハンス-ディーター・ベレンブローク（Hans-Dieter Berenbrok、別名「カユース・ベッカー（Cajus Bekker）」）の有名な著作『ドイツ空軍の戦争日誌：第2次世界大戦時のドイツ空軍』（Ballantine Books、1966年）では、恣意的で大部分が「口述」ではあるが、（訳者注：バトル・オブ・ブリテンについて）相当量が論じられている。最良であるのは、ヤコブセンとローワーが英訳した『第2次世界大戦における決戦』（Putnam、1965年）に収録されている、カール・クリー（Karl Klee）の「バトル・オブ・ブリテン」の章である。クリーは、アメリカ空軍の歴史研究成果の第157号「『アシカ』作戦とドイツ空軍にとっての計画された役割」（アメリカ空軍歴史部、1955年）の著者の一人でもある。これは、アンドレアス・ニールセン（Andreas Nielsen）の研究成果である第173号「ドイツ空軍参謀本部」（1959年）と併せて、ポール・デイヒマン（Paul Deichmann）、ヴィルヘルム・シュパイデル（Wilhelm Speidel）、リヒャルト・ズーヒェンヴィルト（Richard Suchenwirth）とヨーゼフ・カムフーバー（Joseph Kammhuber）といった著名なドイツ空軍将校によって作成された有益な研究成果の一つとして、アラバマ州のマックスウェル空軍基地に収蔵されている。これらは、アメリカ国立公文書記録管理局の「フォン・ローデン・コレクション」と同様、一般的にほとんどのバトル・オブ・ブリテンを論ずる歴史家に顧みられることのない史料である。

以下の文献は、本稿の執筆にあたり有益であった。

Berenbrok, Hans-Dieter (writing as Cajus Bekker) *The Luftwaffe War Diaries: The German Air Force in World War II*, Doubleday & Company, New York (1968)

Bungay, Stephen, *The Most Dangerous Enemy: A History of the Battle of Britain*, Aurum Press Ltd, London (2015)

Cooper, Matthew, *The German Air Force 1033-1945: An Anatomy of Failure*,

Jane's Publishing Incorporated, New York (1981)
Cornwell, Peter D., *The Battle of Britain Then and Now*, Battle of Britain International Ltd, Old Harlow, UK (2006)
Corum, James S., *The Luftwaffe: Creating the Operational Air War, 1918-1940*, University Press of Kansas, Lawrence, KS (1997)
Goss, Chris, *Luftwaffe Fighter-Bombers over Britain: The Tip-and-Run Campaign, 1942-43*, Stackpole Books, Mechanicsburg, VA (2010)
Hooten, E. R., *Eagle in Flames: The Fall of the Luftwaffe*, Brockhampton Press, London, (1999)
Klee, Karl, 'Operation "Sea Lion" and the Role Planned for the Luftwaffe, 'unpublished USAF Study No. 157, Monograph 8-1115-6, USAF Historical Division, Maxwell AFB, AL, (1955)
Mason, Francis K., *Battle over Britain*, Aston Publications Ltd, Bourne End, UK (1990)
Mombeek, Eric, with J. Richard Smith and Eddie J. Creek, *Luftwaffe Colours: Jagdwaffe Volume Two - Battle of Britain*, Classic Publications Limited, Crowborough, UK (2001)
Price, Alfred, Dr, *Battle of Britain Day: 15 September 1940*, Sidgwick & Jackson, London (1990)
Price, Alfred, *Battle of Britain: The Hardest Day, 18 August 1940*, Charles Scribner's Sons, New York (1979)
Price, Alfred, Dr, *The Luftwaffe Data Book*, Stackpole Books, Mechanicsburg, PA (1997)
Smith, J. Richard, and Eddie J. Creek, *Kampfflieger Volume One: Bombers of the Luftwaffe 1933-1940 and Volume Two: Bombers of the Luftwaffe July 1940-December 1941*, Ian Allan Printing Ltd, Hersham, UK (2004)
Taylor, Telford, *The Breaking Wave: The German defeat in the summer of 1940*, Weidenfeld & Nicolson, London (1967)
Vasco, John J., and Peter D. Cornwell, *Zerstörer: The Messerschmitt 110 and its Units in 1940*, JAC Publications, Drayton, UK (1995)
Wood, Derek and Derek Dempster, *The Narrow Margin*, Third Edition, Smithsonian Institute Press, Washington, D.C. (1990)
Zeng IV, Henry L. de, and Douglas G. Stankey, *Bomber Units of the Luftwaffe 1933-1945: A Reference Source, Volumes 1 and 2 and Dive-Bomber and Ground-Attack Units of the Luftwaffe 1933-1945: A Reference Source, Volumes 1 and 2*, Midland Publishing, Hinkley, UK (2007 through 2010)

解　説

❖ 第2次世界大戦をめぐるイギリスとドイツ

篠崎　正郎

第2次世界大戦において、ドイツ、イタリア、日本などの枢軸国と、イギリス、アメリカ、ソ連などの連合国とが激しく戦火を交えたことは、こんにちにおいてはもはや動かしようのない歴史的事実である。しかし、第2次世界大戦前のヨーロッパにおいて、イギリスとドイツの関係が常に対立に彩られていたわけではなかった。

ヒトラーは、著書『わが闘争』において、「ドイツ・イギリス・イタリア同盟」の可能性に言及していた。ヒトラーにとって、イギリスは「密接な関係を結ぶ努力をする価値」のある国であった。ヒトラーは、西ヨーロッパにおいては仇敵であったフランスを孤立させることを重視しており、そのためにイギリスとは手を結ぶべきだと考えていた*1。そして、ドイツが東欧においてフリーハンドを得る一方、イギリスが海軍によって世界帝国を維持することをドイツが妨げないことにより、英独の共存は可能だと考えたのである*2。

他方、イギリスのほうでもドイツとの戦争には消極的であった。第1次世界大戦においてイギリスに人員・物資を提供した植民地は、戦後イギリスに対して自治を要求するようになった。イギリスの政治家たちは、第1次世界大戦の経験から、戦争こそが植民地体制を含めた自国の社会構造を揺るがし、世界におけるイギリスの地位を低下させるものであると認識していた*3。イギリスの国防政策において、1919年に制定された「10年ルール」は、「イギリス帝国は今後の10年間において大戦争に参戦することはないであろう」と仮定するものであった*4。この「10年ルール」は1932年には廃止されたが、経済危機への対処が優先されたり、軍縮会議の進展に期待が寄せられるなどの背景のもと、国防費の増額は延期されたのである*5。また、戦間期のイギリスは帝国防衛の責務のために、ヨーロッパ情勢に大きな影響力を及ぼすことができなかった*6。

こうした背景のもとでイギリスが選択したのが、戦争ではなく外交による平和、すなわち「宥和政策」であった。1933年にドイツにおいてヒトラー政権が誕生すると、ドイツは再軍備を宣言し、ラインラント（条約により非武装地帯と定められていたドイツ西部の地域）に進駐するなどの冒険的政策を推進していった。こうしたドイツの台頭に対して、イギリスは対決するよりも譲歩することを選択した。その真骨頂が、1938年9月のミュンヘン会談であった。イギリス、フランス、イタリア、ドイツの首脳が集まったこの会談において、チェコスロバキアの領土であったズデーテン地方をドイツに割譲することが合意されたのである。しかし、ヒトラーの野心はそれで収まることはなく、1939年9月にはついにドイツ軍がポーランドに電撃的に侵攻し、第2次世界大戦が勃発した。英仏はただちにドイツに宣戦布告をし、これによりヒトラーが望んでいた英独同盟の可能性は潰えた*7。ただし、英仏とドイツは実際には交戦しないという「奇妙な戦争（Phoney War）」と呼ばれる約8ヶ月間があった。このときイギリスが戦わなかったのは、防衛的なドクトリンをとっていたためであった*8。

それにしても、なぜドイツは急速な再軍備を実現しえたのであろうか。第1次世界大戦の講和条約であるヴェルサイユ条約には、敗戦国であったドイツに対して懲罰的な規定が設けられていた。ドイツは戦勝国に賠償金を支払うよう定められたほか、厳格な軍備制限を課されていた。ドイツは陸軍を10万人に制限され、戦車や航空機の生産を禁止された。こうした措置は、表面上はドイツの力を削ぐことに成功したかのように見えた。しかし、ヴェルサイユ条約はドイツによる再度の侵略に備えたものでありながら、ドイツの協力があってはじめて機能するものであった*9。

懲罰的な措置を課されたドイツは、同じく国際社会から排除されていたソ連に接近し、1922年にラッパロ条約を締結した。ドイツはソ連領内に飛行場や演習場を建設し、ソ連に軍事技術を供与するかたわら、ドイツ軍の飛行訓練や演習を行った*10。ドイツ軍とソ連軍との間では秘密協定が結ばれ、ドイツ軍はヴェルサイユ条約で禁止された軍事装備の試験や兵員の訓練を行うとともに、航空機、戦車、化学兵器の実験を行っていたのである。ドイツの航空会社ユンカースはモスクワ付近に工場を建設し、ドイツの機器・技師を持ち込み、航空機の大量生産に乗り出した。また、リペツク（モスクワ南方の都市）には航空学校が作られ、毎年約50人のドイツ軍将校が2年間におよぶ飛行訓練課程に参加していた。こうした独ソ協力は1933年まで続いた*11。ヒトラーが政権に就いたときには、すでにドイツ再軍備の芽は整っていたのであった。

本書の著者であるディルディ大佐も言及しているように、ドイツはイギリス攻撃に先立って1940年5月にオランダ、ベルギーなどの「低地諸国」に侵攻した。航空機が現れる以前の時代から、低地諸国は経済や交通の要衝であり、イギリスが国防のために特別な関心を抱いてきた地域であった。イギリスにとって、低地諸国が軍事大国によって支配されることは許容しえないものであった。そのために、イギリスは16世紀以来、スペインやフランスと戦ってきた。また、1914年にイギリスが第1次世界大戦に突入したのもベルギーが侵犯されたためであった。低地諸国の独立はイギリスの利益であり、低地諸国の独立が失われることは、イギリスにとっては致命的打撃となりうるのであった*12。1940年5月にドイツが低地諸国に侵攻したことは、英独対立を不可避なものとしたのである。

ドイツが低地諸国へ侵攻した頃、イギリスではチャーチル内閣が成立した。大陸に派遣されていたイギリス軍が敗北し、ダンケルク（フランス北部の海岸都市）から撤退した直後の1940年6月4日に、チャーチルはイギリス議会で徹底抗戦の意思を表明した。「我々はフランスで戦うでしょう。我々は海や大洋で戦うでしょう。我々は高まりつつある自信と強さをもって空で戦うでしょう。そして、いかなる犠牲があろうとも我々の島を守るでしょう」*13。チャーチルは6月18日にふたたびイギリス議会で演説を行い、まもなく始まろうとしていたバトル・オブ・ブリテンをイギリス帝国の「最良のとき」であったと後世に語らしめるよう呼びかけたのである*14。

第2次世界大戦に勝利したイギリスは、枢軸国の侵攻により一時的に奪われていた勢力圏のすべてを取り戻した。しかし、戦後、世界各地でイギリス支配に対する抵抗が相次ぎ、植民地は次々と独立していった。イギリス帝国は急速に崩壊していき、アメリカとソ連が世界を動かす時代を迎えたのである。バトル・オブ・ブリテンは、まさにイギリス帝国の「最良のとき」として歴史に刻まれたのであった。

註
＊1 アドルフ・ヒトラー『わが闘争（下）』平野一郎・将積茂訳（角川文庫、1973年）411〜413頁。
＊2 Klaus Hildebrand, *Geschichte des Dritten Reiches* (München: Oldenbourg Verlag, 2012), S. 30.
＊3 佐々木雄太『三〇年代イギリス外交戦略—帝国防衛と宥和の論理』（名古屋大学出版会、1987年）35頁。
＊4 Brian Bond, *British Military Policy between the Two World Wars* (Oxford: Clarendon Press, 1980), pp. 23-24.
＊5 Ibid., pp. 191-193.
＊6 Michael Howard, *The Continental Commitment: The Dilemma of British Defence Policy in the Era of Two World Wars* (Harmondsworth: Penguin Books, 1972), pp. 95-96.
＊7 Hildebrand, *Geschichte des Dritten Reiches*, S. 85.
＊8 Barry R. Posen, *The Sources of Military Doctrine: France, Britain, and Germany between the World Wars* (Ithaca and London: Cornell University Press, 1984), p. 23.
＊9 A. J. P. Taylor, *The Origins of the Second World War* (London: Penguin Books, 1991), p. 47.
＊10 広瀬佳一『ヨーロッパ分断1943—大国の思惑、小国の構想』（中公新書、1994年）33〜34頁。
＊11 Bill Bowring, 'Yevgeniy Pashukanis, His Law and Marxism: A General Theory, and the 1922 Treaty of Rapallo between Soviet Russia and Germany,' *Journal of the History of International Law*, Vol. 19, Issue 2 (2017), p. 290; Stephanie C. Salzmann, *Great Britain, Germany and the Soviet Union: Rapallo and after, 1922-1934* (Woodbridge: The Boydell Press, 2013), pp. 38, 142.
＊12 Austen Chamberlain, *Down the Years* (London: Cassell and Company Limited, 1935), p. 166.
＊13 *House of Commons Hansard*, Vol. 361, 4 June 1940, col. 796.
＊14 *House of Commons Hansard*, Vol. 362, 18 June 1940, cols. 60-61.

❖チェーン・ホーム・レーダーの概要

福島 大吾
天貝崇樹（図版作成）

イギリス沿岸に配備されたチェーン・ホーム・レーダーには、大きく2種類ある。AMES（Air Ministry Experimental Station：空軍省実験局）Ⅰ型と、AMESⅡ型である。AMESⅠ型はチェーン・ホーム・レーダー、AMESⅡ型はチェーン・ホーム低空用（Chain Home Low）と呼ばれている。

まず、AMESⅠ型は、送信局と、受信局が分かれており、いわゆるバイスタティック・レーダーであった。送信局は、複数の高さ360フィートの鉄製の塔で構成された。送信局には、半波長ダイポール・アンテナがあり、塔の間に張られたワイヤーに、上下方向に等間隔に複数個が取り付けられてアンテナ群を形成した。また、複数セットの垂直方向の感度特性が異なるアンテナ群がワイヤーに取り付けられていた。これらのダイポール・アンテナで形成される送信ビームの水平方向の幅は約100度と大きかった。垂直方向は、仰角5度以上において感度特性が高かった。このため、AMESⅠ型は高空監視用として使用された。

受信局は、複数本の高さ240フィートの木製の塔で構成された。受信局のアンテナは、ダイポール・アンテナであるが、これは、塔の柱に取り付けられた。アンテナは、南北方向と東西方向それぞれに感度を有するアンテナがあり、このアンテナからの信号をゴニオメーターと呼ばれる合成器で合成していた。受信した信号は、時間対信号強度で表示されるオシロスコープで観測し、目標までの距離は、目標からの反射信号が観測される時間を測定することによって距離を算出していた（図１参照）。

高度は、垂直方向の感度特性が異なる送信局のアンテナ群を切り替えて、それぞれ受信する目標からの反射信号の強度を比較することで目標のレーダーからの仰角を割り出し、前述の目標までの距離を用いて高度を算出していた。ただし、電離層の高度の変動などの影響を受け、目標の高度情報の精度は高いものではなかった。

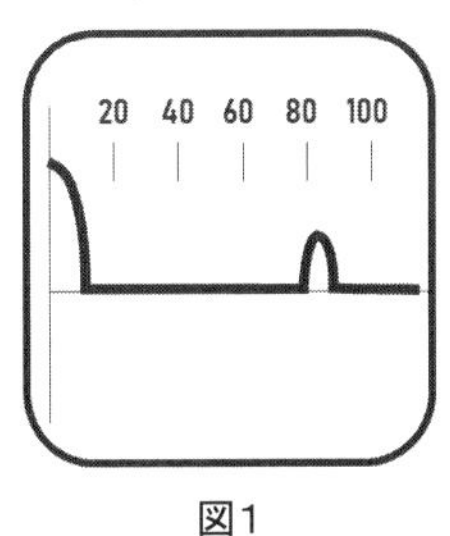

図1

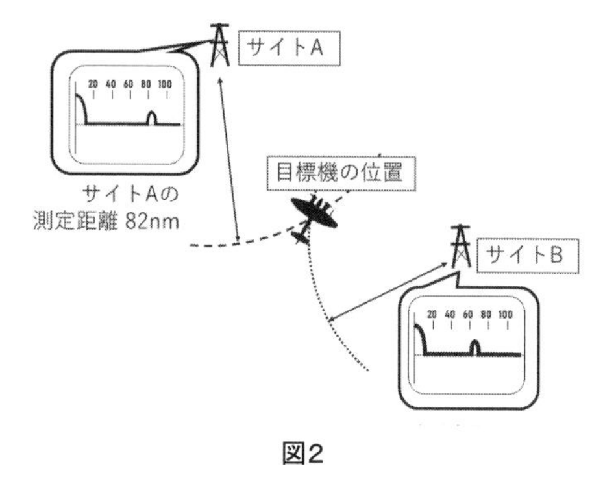

図2

方位は、ゴニオメーターのパラメータを調整することによって所望の方位に感度の高い出力を得ることができるため、目標からの反射信号が一番強くなる方位を測定することで、ある程度は目標の方位を測定することができた。ただし、受信アンテナの水平方向の幅が広かったため、その精度は十分ではなかった。このため、複数基地からの受信結果からそれぞれの基地からの目標までの距離情報を用いて、いわゆる三角測量の原理で目標の方位を特定する方法がとられていたことから、各基地におけるオペレータは、目標までの距離を測定することに重点がおかれていた（図２参照）。

AMESⅠ型の主な諸元は、表１のとおり。

次に、AMESⅡ型は、チェーン・ホーム低空用という名前に現れているように、高空監視用のAMESⅠ型と役割が区別された。

英空軍が1938年の演習を通じてAMESⅠ型を運用する中で、仰角2度以下の目標が探知できないことが明らかとなり、低空飛行の航空機の発見ができない可能性があることが分かった。その一方で、AMESⅠ型とは別に1936年から開発されていた周波数が180～200MHzとAMESⅠ型よりも高いレーダーは、方位角と仰角のどちらも幅の狭いビームを生成するアンテナで動作していた。このため、このレーダーをAMESⅡ型として、1939年8月からAMESⅠ型の基地に併せて設置することとなった。

表１　AMESⅠ型

項　目	値
周波数	20～30 MHz
尖頭電力	350 kW(のちに750kW)
パルス繰り返し周波数	25及び12.5 pps
パルス幅	20 μs
探知距離	100マイルまで

AMESⅡ型は、AMESⅠ型と同様に、送信用のアンテナと受信用のアンテナが分かれたレーダーであり、それぞれのアンテナは、同期して回転するようになっていた。このため、送信電波の放射方向と受信電波の

到来方向を一致させて動作させることができた。このため方位はアンテナの指向方位を読み取ることで行われた。また回転させる方法としては、自転車に似たハンドル・バー、シート、チェーン・ホイール、ペダルで人力によって実現したものもあったが、1941年からは動力化された。

表 2　AMES II 型

項　目	値
周波数	200 MHz
尖頭電力	150 kW
パルス繰り返し周波数	400 pps
パルス幅	3 μs
探知距離	100マイルまで

アンテナは、5×4列のアレイ状に配列したダイポール・アンテナで構成されていた。また距離の測定要領は、AMES I 型と同様に、オシロスコープを用いて、目標からの反射信号が受信される時刻を測定することで行われた。

主な諸元は、表2のとおり。

AMES I 型とAMES II 型は、早期警戒用に設計されたものであったが、イギリス空軍（戦闘機軍団）は、これらの情報を元にして戦闘機を約5マイルの精度で要撃管制していた。しかし、この精度は、晴れた日や明るい月の光であれば戦闘機のパイロットが敵機を目視で発見して要撃することには十分であったが、悪天候や暗い夜での要撃は不十分であった。このため、航空機に搭載できる要撃用のレーダーの開発が望まれていたが、当時は地上からの要撃管制に頼るしかなかった。

このような状況において、1940年初頭に、自己のレーダーを中心として、アンテナが動く方向と連動してブラウン管上に目標を表示させるPPI（Plan Position Indicator）と呼ばれる表示形式が実現された（図３参照）。この仕組みが一部のAMES II 型に取り入れられることで、オペレータが直感的に目標の位置を把握できるようになった。

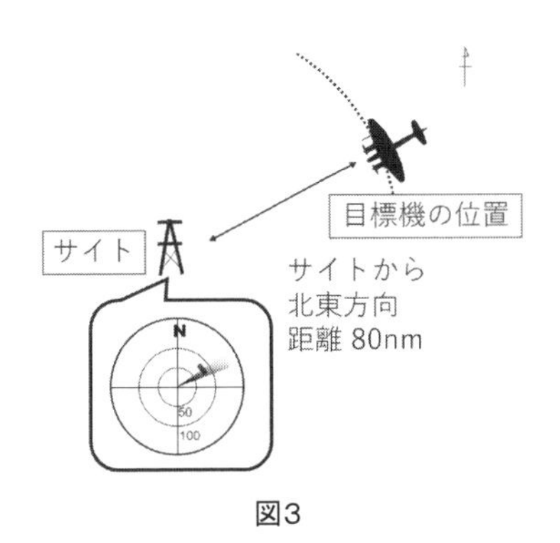

図3

❖ 編隊隊形とビッグ・ウィング

村上 強一
天貝崇樹（図１作成）

１．編隊隊形

(1) ドイツ空軍

第1次世界大戦後、航空機は急速に発達し、航空を高速で飛行できるようになった。高速化は、ドッグファイト時の旋回半径の増大に繋がったが、同時に垂直面の機動性ももたらしたため、高速機は速度と機動力の優位性によって低速機を圧倒するようになった*1。

筆者も経験から、高速機が低速機を簡単に捕捉し撃墜したであろうことは容易に想像できる。高速機は速度差が大きければ大きいほど低速機の動きが止まって見える。なぜなら低速機が逃れようとしても、速度差に起因した接近率が大きいため、たとえ遠方にいても高速機は短時間で距離を詰めることができるからである。つまり、同レベルの速度の航空機を追いかけるのであれば、相手を正面に捉え続けるために操縦桿を徐々に引いたりするなどの細かな操縦操作が必要になってくるが、高速機から低速機は正面からほとんど移動していないように見えるため操縦桿をほとんど動かさなくて済む。極端な言い方をすると、相手が動く前に追いつけるのである（図１参照）。

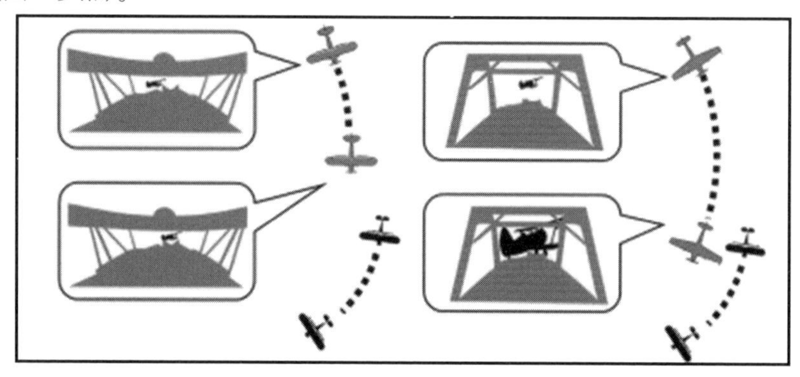

図1　低速機（左）と高速機（右）からの見え方
高速機のコックピットから見える敵機は、接近するにしたがい徐々に大きくなっていくのではなく、一気に大きくなる。

スペイン内戦でドイツ空軍の新型機Bf109はソ連軍のI-15やI-153などの複葉戦闘機と戦ったが、Bf109の最高速度は約540km/hであるのに対してI-15やI-153の最高速度は約360km/hであったので、Bf109は約1.5倍の速度で戦っている。ドイツ空軍の撃墜王と称されたヴェルナー・メルダースは、スペイン内戦の教訓から空戦に関し、飛行技術よりも格闘戦を重視する哲学を持つに至る。その彼が考案したのが、2機編隊を空戦の基本単位とする「ロッテ（Rotte）」という隊形と、2個のロッテで作る「シュヴァルム（Schwarm）」という隊形であった。そして、技術の進歩により高速化した戦闘機が配備されたことにより、それまでの基本隊形であった3機編隊の「Kette（ケッテ）」では編隊内の相互支援がますます難しくなったこともあり、ドイツ空軍はロッテとシュヴァルムを採用する。

ロッテにおいては編隊長機が敵機撃墜の責任を負い、僚機が編隊長機の背後を守る。編隊長機と十分な間隔を保持しているので僚機は自分が飛んでいる位置や、次にすべき行動について思い悩む必要はない。通常、僚機は編隊長機から180mの離れた位置にいて、編隊長機と大まかな並行をなすように飛行する。そして、相互に死角を補い合うように索敵を行うのである*2。

ロッテ2個で構成するシュヴァルムでのロッテ同士の間隔は270mほどで、先導するロッテがやや前方を飛行した。飛行隊単位では、3個シュヴァルムが高度差をつけながら縦列ないし横列を組んで航行する（図２参照）。

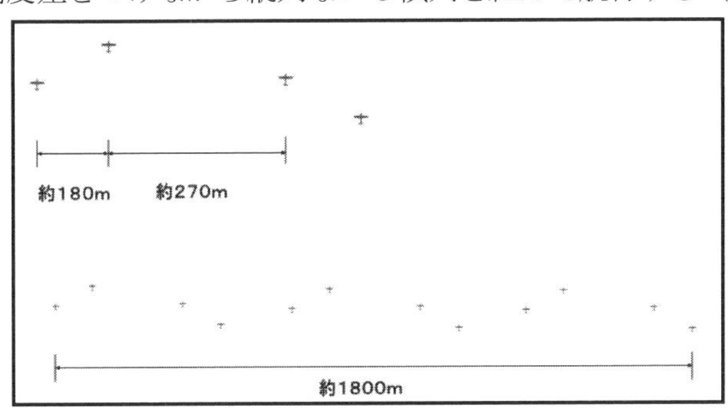

図2　ドイツ戦闘機の編隊隊形＊3

（2）イギリス空軍

本来的に本土防空を戦闘機の主任務としていたイギリス空軍では、対戦

逆V字隊形で飛ぶイギリス軍のスピットファイア。接触しそうなほどの間隔だ。
（写真出典／PA Images）

闘機戦闘の戦術はそれほど重要視されていなかった。その基本戦術は第1次世界大戦以来、ほとんど変わっていなかったと言えるほどで、戦闘機の役割はイギリス本土に来襲する爆撃機の要撃にあり、敵戦闘機との戦いは第二の任務として軽んじられる傾向にあった＊4。

このような背景から、ドイツ空軍を迎え撃ったイギリス空軍の戦闘機は、当初“vic”（ヴィック）と呼ばれた3機単位での「逆V字」隊形を基本としていた（写真参照）。イギリス空軍は密集隊形を組みながら大挙襲来してくる爆撃機集団に、戦闘機が個々で挑むのは危険であると見なしていた。そこで、一度の攻撃で敵爆撃機に差し向ける銃火の数を増やそうと考え、戦闘機もまた集団密集隊形で挑むべきとしていた。

もし、ドイツ空軍が爆撃機部隊だけで襲撃したならば、この戦術は多大な効果を発揮したと思われる＊5。なぜならイギリス軍が保有する戦闘機の武装は、ライフル銃と口径が同じ7.7ミリの機関銃だが、1機が8挺を装備していたので、計24挺の機関銃で爆撃機を集中攻撃できたからである。

しかしながら、この戦術は編隊を維持することを前提にしていたため、対戦闘機戦闘の戦術を採用しているドイツ軍戦闘機から散々な目に遭わされている。イギリス空軍が2機、2機の4機編隊を正式に採用するのは、バトル・オブ・ブリテンの戦訓を学んだあとのことである＊6。

バトル・オブ・ブリテンでは、「ウィーバー」と呼ばれた編隊最後尾の小隊に、編隊全体の安全を守るための後方監視任務が与えられることになった（図３参照）。しかし、逆に孤立して支援を受けにくい位置にある「ウィーバー」は多大な損害を強いられることになった。

これに加えて、この隊形で索敵を行うのは編隊長機だけで、2機の僚機は密集隊形の維持に全神経を集中しなければならなかったため、後方上空は死角となってしまい、緒戦ではこの死角からドイツ軍機に幾度も襲われ

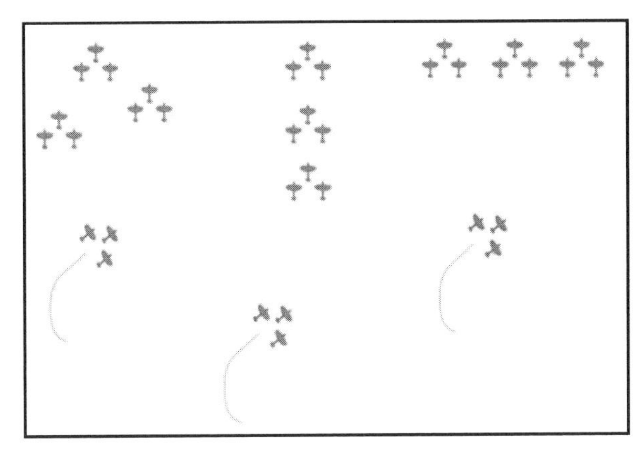

図3 イギリス戦闘機の索敵および巡航時(左)、攻撃時(中、右)の隊形＊8

ている＊7。

かつて密集隊形を組んで飛行した筆者の経験からも、密集隊形を維持して長時間飛ぶことほど骨の折れるものはない。編隊長機に対する自機の位置を保つということは、上下左右前後を保持するということである。つまり速度が変わったり、上昇降下、旋回時にも密集隊形を保持するために自機の一定の位置を維持するには編隊長機の見え方を変えないようにすればよいのだが、これが容易ではない。少しでも油断すると上がったり、前に出たり、近づいたりする。密集隊形ではよほどのベテランが僚機でも、索敵は期待できないのである。

2．ファイタースイープ（戦闘掃討）と、エスコート（掩護）

イギリス本土を爆撃する際、ドイツ空軍は戦闘機と爆撃機の混成で2もしくは3波を編成した。図４はその構成を示している。爆撃機は3機編隊をほぼ同高度に組んで爆撃隊を構成し、爆撃隊全体の幅と長さは爆撃目標の大きさに応じて調整された。

戦闘機は、数個編隊が「自由掃討」と称されたファイター・スイープとしてはるか前方を航進し、それ以外は爆撃機を二重に掩護して敵戦闘機の攻撃に備えた＊10。

バトル・オブ・ブリテン開始当時のドイツ空軍戦闘機の掩護とは、イギ

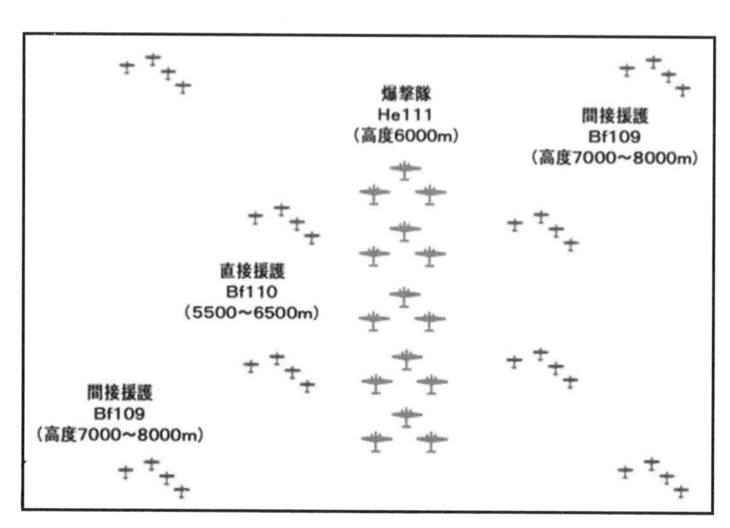

図4 ドイツ戦闘機の爆撃機掩護要領＊12

リス空軍戦闘機を引っ張り出して撃滅するファイター・スイープが中心であった＊11。しかし、戦闘が進むにつれファイター・スイープを行おうとするドイツ空軍の意に反してイギリス空軍は応じなくなった。レーダー、目視による地上監視哨を駆使したイギリスの統合防空システムのおかげで、戦闘機との戦闘を避けて爆撃機を狙うことができたからである。ドイツ空軍は有利な態勢から戦闘を挑み、空中でイギリス空軍の戦闘機を撃滅することを考えていたが、イギリス空軍はその誘いに乗らなかった＊13。

バトル・オブ・ブリテンに参加したドイツ、イギリス両国の戦闘機に大きな速度の差はなかった。しかしイギリスの戦闘機とドイツの爆撃機の速度差が大きかったため、イギリスの戦闘機の攻撃に対しドイツの爆撃機は回避できず、多数が撃墜された。そこでドイツの爆撃機は密集隊形を組み防火網を強化したが、被害を抑えることはできなかった。

このためゲーリングは8月後半に戦闘機隊に対し、爆撃機にもっと密接な掩護を与えるべきと判断し、エスコート・ファイターは自機ないし爆撃機が直接の脅威にさらされない限り、敵戦闘機との積極的な空中戦を避けるよう命じる。あまりに爆撃機の被害が大きかったからだ。

しかしながら、爆撃機の巡航速度は当然、前述のとおり戦闘機のそれをかなり下回る。間接掩護のエスコート・ファイター（以下、間接掩護機）はジグザグ飛行をすることで速度を落とさずに飛行できるが、直接援護のエスコート・ファイター（以下、直接掩護機）はそうはいかず、イギリス軍戦闘機が襲撃してきた際には、相当に不利な態勢からの戦闘を強いられたと推測する。筆者のかつての体験から推察すると、低速であるために敵の襲来を知って急旋回しても旋回半径が小さいので、ほぼその場での旋回になり、その結果として前述のとおり速度差に起因して直接掩護機は要撃機の弾を回避できないからである。また仮に回避できても急旋回後は一般に速度が落ちるため、速度を回復するのに時間がかかり、そこをまた狙われたであろう。

また間接掩護機は、速度が落ちた状態で会敵予想空域に侵入しないですむように、そして爆撃隊の近傍に位置できるようジグザグ飛行をしたようであるが、その結果として燃料を使い果たしてしまい、大陸に帰り着かないBf109が増加した。

ドイツ空軍はファイター・スイープで成果が得られず、またゲーリングが爆撃機に対する密接な掩護を指示したことがきっかけとなり、緒戦から得ていた優位を大いに損ねることになった。このために最終的にドイツ空軍はイングランド南部上空での航空優勢をイギリス空軍に返上することとなる＊13。

3．ビッグウィング＊14

第12飛行群第242飛行隊長ダグラス・バーダーは、第12飛行群を第11飛行群のように飛行隊単位で運用するのではなく、複数の飛行隊を組み合わせた大編隊で出撃させる「ビッグ・ウィング」と呼ぶ戦術で運用することを主張した。

戦術単位を大きくすることで常にドイツ戦闘機より多数で有利な戦いを挑むことが「ビッグ・ウィング」戦術の目的だったが、第11飛行群の指揮官パーク少将、そして戦闘機軍団の司令官ダウディング大将さえも「ビッグ・ウィング」戦術には極めて冷淡な反応しか示さなかった。

その理由は、第11飛行群の置かれた地理的条件にあった。フランス北部のドイツ空軍基地から離陸した爆撃機が編隊を組み終わるのに20～25分を要したものの、そこから攻撃目標があるイギリス本土南部には15～20分で到達してしまう。まして戦闘機となると、離陸から編隊形成まで15〜20分、その後にBf109であれば目標上空まで10〜15分で到達してしまう。つまり、第11飛行群の飛行隊は、警報とともに即時離陸してコントローラーに誘導されながら敵編隊に向かっても、要撃のための時間的余裕はほとんど無かった。第11飛行群に時間をかけて大編隊を整える余裕はなく、一分一秒でも早く離陸して敵編隊に向けて進撃を開始しなければならなかったのである。

これに対して、ロンドンよりも北方にある第12飛行群は事情が違っていた。第12飛行群は本土奥地にある発進基地を襲われる危険が少ない上に、出撃はロンドン地区での要撃に限られていた。警報を受けて発進して20分かけて大編隊を構成してもロンドンへなら間に合う。そして敵の目標がロンドン以南であれば、もはや担当外なのである。

このバーダーの「ビッグ・ウィング」戦術を支持したのが第12飛行群指揮官のマロニー少将だった。マロニーは「第11飛行群は不適切な戦術を採用することで貴重な戦闘機兵力を無駄に消耗させている」と、批判した。その背景には第1飛行群指揮官のパーク少将との対立があった。

しかしながら、この「ビッグ・ウィング」戦術はドイツ空軍のロンドン爆撃で功を奏し、後にマロニーの思惑どおりにダウディングとパークは更迭される。「ビッグ・ウィング」戦術を採用せずに戦闘を続けたパークとそれを支持したダウディングによって兵力が小出しにされ、貴重な戦力が無駄に失われた等の理由により、パークは第11飛行群の指揮官の任を解かれ、ダウディングも戦闘機軍団の司令官の職を追われた。そして第12飛行群の指揮官だったマロリーが第11飛行群の指揮を執るようになる。

註

＊1 川上しげる「英国は敗れず英本土上陸作戦延期」(『学研歴史群像WWⅡ欧州戦史シリーズ vol.3 英独航空決戦』1997年12月)90頁。

＊2 トニー・ホームズ『オスプレイ対決シリーズ9　スピットファイア vsBf109E 英国本土防空戦』宮永忠将訳(大日本絵画、2011年)66頁。

＊3 主に「ホームズ『スピットファイア vsBf109E』」の66頁をもとに筆者調整。

＊4 古峰文三「再検証バトル・オブ・ブリテン」(『歴史群像』130、2015年3月』)60頁。

＊5 ホームズ『スピットファイア vsBf109E』60〜62頁。

＊6 川上「英国は敗れず英本土上陸作戦延期」90〜91頁。

＊7 ホームズ『スピットファイア vsBf109E』60〜62頁。
＊8 主に「ホームズ『スピットファイア vsBf109E』」の62頁をもとに筆者調整。
＊9 服部省吾「英独空戦技」『歴史群像WWⅡ 欧州戦史シリーズ vol.3 英独航空決戦』）104頁。
＊10 古峰「再検証バトル・オブ・ブリテン」60〜64頁。
＊11 川上しげる「被爆かさなる飛行場耐えしのぐ英空軍」（『歴史群像WWⅡ 欧州戦史シリーズ vol.3 英独航空決戦』85頁。
＊12 主に『歴史群像WWⅡ 欧州戦史シリーズ vol.3 英独航空決戦』の104〜105、149頁
＊13 ホームズ『スピットファイア vsBf109E』70〜71頁。
＊14 古峰「再検証バトル・オブ・ブリテン」60〜64頁

❖ 技術革新が1930年代後半以降の軍用機に与えた影響

由良富士雄

第1次世界大戦が終了し、民間航空が開花し始める1920年代後半から、主に旅客機に全金属製の機体が登場し始める。従来の木製の骨組や鋼管の骨組に布張りの胴体では、骨組に強度を持たせるしかなく、その強度を維持するための針金を張らねばならないため、旅客を収容するスペースがなくなってしまうという問題を解決するためであった。しかし、この頃の全金属製の機体は、現在のようなセミ・モノコック構造＊1のものではなく、骨組みにも強度を負担させるというものであり、胴体断面も四角形という無骨なものであった。これに対して戦闘機は、パイロットが保守的で、機体に軽快な運動性を求めたため、複葉、金属製骨組みに布張り構造が依然として主流であった。

また、この頃のエンジンは500〜600馬力のものが常用されたが、1930年代に入ると、ピストン内に供給する空気を機械的に圧縮する過給機を装備して空気が薄くなる高空でも出力の低下を防ぐエンジンが登場し、その出力は1,000馬力に達し始めた。また、ジュラルミン等の新素材の航空機への適応とワグナー桁を利用した片持式低翼単葉形式の主翼及び金属製セミ

・モノコック等の新技術が機体開発に使われ始め、航空機の性能は飛躍的に向上した＊2。

これらの技術革新は主として旅客機に導入され始めた。当時の民間航空は、前述のような機体構造のため、旅客収容数、貨物搭載量が極めて低く、運行しても採算割れが大部分であった。これら赤字続きの航空会社が何とか運行を続けられたのは、各国政府の補助金の賜物であった。このような状況のもと、アメリカにおいて、ボーイング社が技術革新を取り入れた近代航空機の元祖とも言うべきボーイング247型旅客機を1932年に開発した。少し遅れてダグラス社が、同様に技術革新を取り入れたDC-2、DC-3を開発した。このうち、1935年に出現したDC-3は、性能もさることながら、その採算性の良さから世界の民間航空界を席巻した＊3。

旅客機に取り入れられた技術革新は、軍用機である爆撃機も導入された。これらの技術が爆撃機に取り入れられたのが1930年代半ばであった＊4。このため、技術革新の導入に遅れをとっていた戦闘機よりも高速な爆撃機が誕生した。このころ、世界中で戦闘機不要論がささやかれたが、その原因の一つがここにある＊5。

戦闘機が再び高性能を取り戻すのは、遅ればせながら新技術を取り入れた機体が登場してからである。そのような高速の戦闘機が登場すると、今までのような旋回性能等を駆使した一騎打ち的な戦法での戦闘は困難になってきた。このため、機体の性能向上に合わせた、速度を活かして相手を撃墜する一撃離脱戦法が登場することになる。また国々によって、戦闘機の性能向上に対する対応に差が出始めていたのが、1930年代末の状況であった。そして、ドイツ空軍が短期間のうちに欧州列強を圧倒するような空軍を建設しえたのは、その再軍備の時期が航空技術の革新を迎えた直後であり、イギリスやフランスのように古い技術の航空機を保有することなく、新しい技術の性能のよい航空機を最初から製造しえたことも大きい。

バトル・オブ・ブリテンで登場するBf109やスピットファイヤーは、日本では九七式戦闘機や九七式重爆撃機がすでに導入していた可変ピッチ・プロペラ、引込式脚の新技術に加え、空冷エンジンより機首を絞り込め、かつ信頼性が高い高出力水冷エンジンを採用した戦闘機である。このため、両機は九七式戦闘機より時速で100㎞以上も優速であった。

大戦後半になるとエンジン出力は2,000馬力に達し、戦闘機の最高速度は700km/hに達した。さらに排気タービン過給機の実用化等により、B-29のような大量の爆弾を搭載し、2,500km以上の行動半径を持ち、従来の戦闘機が迎撃困難な高高度を飛行できる爆撃機が登場するに至った。

註

＊1 モノコックは、はりがら構造や応力外皮構造と訳されている。卵の殻のように外皮だけでその強度を保つという構造である。このため、内部に強固な骨組みが不要になる。しかし、航空機に使用する際は、軽易な骨組みと外皮がそれぞれ強度を分担するセミ・モノコック構造をとることが多い。

＊2 佐貫亦男『飛行機の再発見－複葉機から SST まで―ブルーバックス B340』（講談社、昭和52年）63～65頁。

＊3 同上、60～63頁。セミ・モノコックの胴体は空気抵抗軽減に有利な流線形に成形できるだけでなく、強度的に優れており、総重量が軽量化できるだけでなく、胴体内部はほぼ空洞であり、その中に、同じエンジンをつけた従来の構造を持った航空機よりも多くの旅客、荷物を搭載できた。このため、ＤＣ－３は、初めて採算が取れる旅客機ということで大ヒット作となった。本機は第２次世界大戦においては輸送機として大量生産が行われ連合国の勝利に貢献したほか、日本においてもエンジンを換装して零式輸送機として使用された。

＊4 日本における、技術革新を導入する前後の航空機の性能比較。
九三式は1933年度採用、九五式は1935年度採用、九七式は1937年度採用。

種類	名　称	エンジン/プロペラ	自重	最大速度	上昇時間
爆撃機	九三式1型重爆撃機 低翼単葉、固定脚	水冷×2、940HP(離昇) 木製固定ピッチ	4,880kg	220km/h: 3,000m	3,000m/ 14分
	九七式1型重爆撃機 中翼単葉、引込脚	空冷×2、950HP(離昇) 金属可変ピッチ	4,691kg	432km/h: 4,000m	5,000m/ 13分55秒
戦闘機	九五式1型戦闘機 複葉、固定脚	水冷850HP(離昇) 金属固定ピッチ	1,300kg	400km/h: 3,000m	5,000m/ 5分
	九七式戦闘機 低翼単葉、固定脚	空冷710HP(離昇) 金属固定ピッチ	1,110kg	460km/h: 5,000m	5,000m/ 5分22秒

出典:野沢正編著、日本航空宇宙工業会監修『日本航空機総集第1巻三菱篇』(出版協同社、1961)44、62,64頁。野沢正編著、日本航空宇宙工業会監修『日本航空機総集第4巻川崎篇』(出版協同社、1960)78頁。野沢正編著、日本航空宇宙工業会監修『日本航空機総集第5巻中島篇』(出版協同社、1963)72頁。

＊5 日本海軍航空史編纂委員会編著『日本海軍航空史(1)用兵編』(時事通信社、昭和44年)287－291頁。本記述の中には、戦闘機は爆撃機よりも30kt/h(約55km/

h)以上優速である必要性があること、全金属製機の後方から機関銃弾を撃ち込んでもはじき返されると記述された資料もあったと記されている。

❖ バトル・オブ・ブリテンにおける電子戦

天貝 崇樹

バトル・オブ・ブリテンでは、電磁波領域の攻防すなわちイギリスの早期警戒レーダーやドイツの航法システムの開発とそれらに対する妨害などの戦いが繰り広げられた。電波の使用をめぐる戦いにおいてイギリスは、幾度かの失敗を乗り越えてドイツの目論見を見破り、結果としてドイツ軍の爆撃による被害を減殺するのに成功している。この目に見えないがイギリスの本土防衛に大きく貢献した電磁波領域の戦いをチャーチルは「魔法の戦い（Wizard war）」と呼んだ＊1。

１．レーダーの認知をめぐる双方の失敗

敵対勢力の使用電波の探索と識別は、今日においても電子戦の最初にして最も重要な活動である。武力衝突の可能性の有無にかかわらず、彼我を含めた作戦域とその周辺における電磁波領域の把握は、電子戦における各種活動の基本であり、今日でも電子戦支援（Electronic warfare Support: ES）として最初に行われる活動である。電子戦という呼称も認識も生まれていない1940年以前において、イギリスとドイツはそれぞれ偵察に躓き、相手国のレーダーの保有状況の確認に失敗している。

イギリスのレーダーであるチェーン・ホームは、周波数20～30MHzを使用するため、10～15mとなる波長を送受するアンテナ群が巨大な建築物となり、否が応でも目を惹くものであった。開戦前の1939年、当然のごとくこのアンテナ群を訝しんだドイツは偵察を行ったが、レーダーの存在を突き止めるにことに失敗してしまう。これは、ドイツ軍が使用していたフライヤ（Freya）レーダーが100MHz（波長3m）前後の周波数を使用していた

ために必要とされる構築物の大きさの違いに起因して起きた失策であった。（図１）

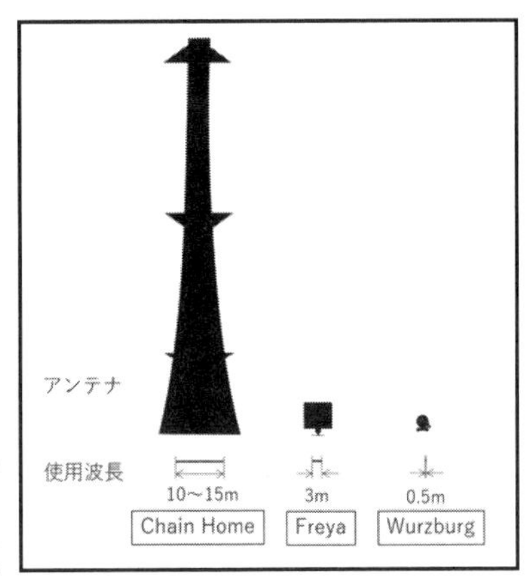

図1 アンテナと波長の比較
チェーン・ホーム（イギリス）のアンテナは、フライヤ、ヴュルツブルグ（ともにドイツ）のアンテナと比較すると巨大であった。

ドイツは、その後、バトル・オブ・ブリテン直前の1940年6月にチェーン・ホームの存在を突き止め、翌7月にフランスのカレーに妨害装置を設置する。しかしこの妨害装置の出力は小さく、一部のチェーン・ホームに影響を与えたのみで、イギリスの作戦能力を大きく損なうには至らなかった。この時点においてドイツ軍も早期警戒用として北海沿岸に数基のフライヤ・レーダーを設置していたが、レーダーに対する組織的な関心は低調で、レーダーを取り入れたイギリスの防空システムの強靱さには考えが及んでおらず、当然のことながら本腰を入れてレーダーを妨害しようとすることはなかった。

このようなドイツ空軍に比べて、イギリス側は軍と政治指導者の双方がレーダーに高い関心を示していたため、バトル・オブ・ブリテン以前から電子技術の進展に国をあげて取り組んでいた。そうした取り組みとイギリス空軍の戦闘機軍団司令官であるダウディングの指導の下でレーダーを組み込んだ統合防空システムを構築していたイギリスではあるが、ドイツ側のレーダーを突き止めるまでには時間を要した。イギリスがドイツのレーダー保有を認知したのは、バトル・オブ・ブリテンの開始から約半年後となる1941年2月のことであった。戦前の1937年、イギリスでレーダー開発に尽力したロバート・ワトソン・ワットがドイツ国内を旅行し、チェーン・ホームのような高い塔が見当たらなかったとの報告をしたことから、イギリス空軍はドイツのレーダー開発は未完成、または未実施と推定していた。しかしながら、ドイツは試作のレーダーを1935年に完成させ、1939年にはドイツ海軍の艦艇に艦船用レーダーを装備していた。前述のようにドイツは短い波長を使用していたため、チェーン・ホームのような巨大なアンテナを必要せず、車両で移動可能な大きさであったことに想像が及ばなかったが故にイギリス側も見落としたのである。

さらに、バトル・オブ・ブリテン以前の1939年12月にイギリスは、ウェリントン爆撃機22機でドイツ北部のウイルヘルムシャーベン海軍基地への攻撃を行った際、帰路にドイツ軍機の攻撃を受け、12機が撃墜されたが、この時もドイツ軍のレーダー保有を見過ごす結果となっている。実は、この時にドイツ軍はレーダーの情報を信用しておらず、そのために要撃機の発進が遅れ、イギリス軍機が帰途についてからの要撃となった。ドイツ側の遅滞した対応が、以前からイギリス空軍に存在していた希望的観測、すなわちドイツはレーダーを保有していないという考えを存続させたのである＊2。この爆撃からイギリスが得た教訓は、護衛機なしでの昼間爆撃は危険ということのみだった。イギリスがドイツの地上レーダーの脅威を認識し、本格的な対策に乗り出すのは1942年以降のことであり、それはドイツもレーダーが防空に有用であることを遅まきながら気付き、組織的な運用に取り組み始めたことを示すものでもあった。

2．ドイツの航法システムに対するイギリスの妨害

イギリスとドイツは、それぞれ昼間爆撃から得た教訓から、戦闘機の護衛が十分でない場合は夜間爆撃を指向することになる。そしてイギリスは搭乗員に天文航法や地文航法を習熟させて夜間爆撃に対応しようとしたが、ドイツはバトル・オブ・ブリテン以前から開発に取り組んでいた電波を使った航法システムの利用を試みている。

イギリスは、ドイツ軍の地上レーダーに対する認知は遅れたものの、その航法システムについては比較的早期から認識していた。1939年から1941年までの期間にドイツは、無線ビーコン（Beacon）、クニッケバイン（Knickebein）等の航法システムを整備してイギリス本土への爆撃を敢行する＊3･4。しかし、イギリスはこれらの航法システムを妨害して機能不全に陥らせることに成功している。ドイツの航法システムに対するイギリスの妨害は、電子攻撃（Electronic Attack: EA）と呼ばれる今日の電子戦活動の嚆矢でもあった。

(1) 対ビーコン

ドイツは、占領下のフランスやベルギーから多数の無線ビーコン

（Beacon）を発して爆撃機の航法に利用していた。イギリスは1939年の時点でドイツ軍機がビーコンを使っていることを認識し、ミーコン（Masking Beacon）と呼ぶ偽のビーコンを発信する。ミーコンによる効果として、ドイツ機が占領地のフランスと思い込んでイギリス南西部に着陸する等の複数の事例が確認されている。

(2) 対クニッケバイン

クニッケバインは、爆撃機が2つの信号（ダッシュ、ドット）を受信しながら爆撃目標に向かって直進し、投下地点に到達した時に別の信号を受信することで爆撃位置を認知する航法システムである。1940年8月13日からクニッケバインを利用した爆撃を開始したドイツに対して、イギリスは早期に対策を講じ、わずかの日数で攻撃目標に爆撃機が到達できないように困惑させることに成功している（図2、図3、図4参照）。

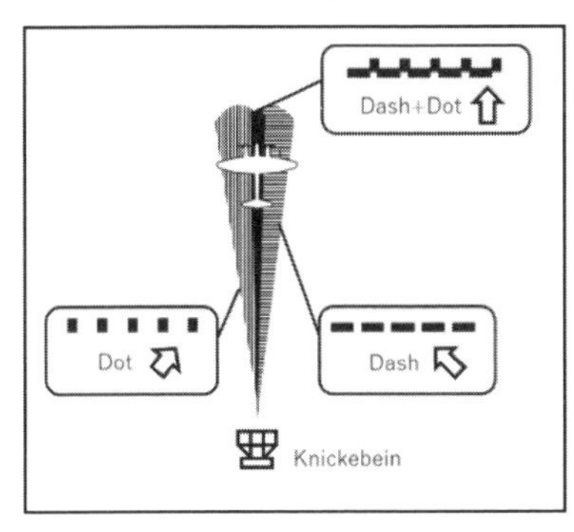

図2 クニッケバインの原理Ⅰ
ダッシュ（－ － － －）信号（横線部）のみを受信した際は左へ、ドット（・・・・）信号（縦線部）のみを受信した際は右へ旋回する。爆撃機は自機の場所を信号が連続（――――）する黒塗りの部分に位置させることで目標に直進していることを認識する。

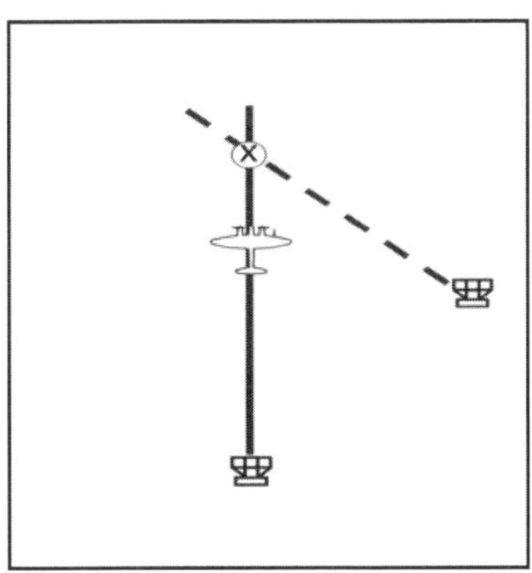

図3 クニッケバインの原理Ⅱ
指向性のある信号に従い直進し、別な信号を受信する地点Xで爆弾を投下する

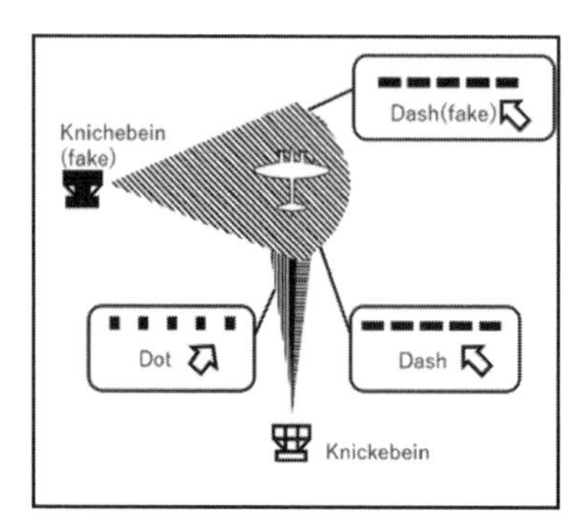

図4 クニッケバインへの妨害例
イギリスは、ドイツの爆撃機に偽のダッシュ(－ － － －)信号(図斜線部)のみを受信させることでドイツの爆撃機を左旋回へ誘導し、正確な航行を妨害した。

実は、爆撃の完璧を期したドイツは、事前にクニッケバインを試行的に運用しており、それに気づいたイギリスに意図を見破られてしまったのである。ドイツ軍機がクニッケバインを利用して目標に到達して投下できた爆弾は20%以下だったとされている。イギリスは、クニッケバインを頭痛(Headache)と呼び、その妨害方法をアスピリン(Aspirin ＝頭痛薬の意)と呼んだ。そこにはイギリス人特有のユーモアが込められていた＊5。

註

＊1 チャーチル『第二次世界大戦回顧録７』毎日新聞社翻訳委員会翻訳、毎日新聞社、1949年、107～134頁。

＊2 Gregory C. Clark, “*DEFLATING BRITISH RADAR MYTHS OF WORLD WAR II*” 1997, p33. fas.org/man/dod-101/ops/docs/97-0609F.pdf.

＊3 烽火。複数の無線局から発信された信号を受信し、無線局に対する自機の方位を測定から自機の位置を算出する。

＊4 ドイツ語で曲がった脚、片膝を折って行う礼の一種を意味する。

＊5 チャーチル『第二次世界大戦回顧録７』118頁。

あとがき

監訳者
橋田 和浩

本書は、オスプレイ社（Osprey Publishing）が刊行している「Air Campaign」シリーズの第１巻『*Battle of Britain 1940, The Luftwaffe's "Eagle Attack"*』を全訳したものである。また、その内容の一部を航空自衛隊に所属する研究者が解説している。

著者のダグラス・C・ディルディ（Douglas C. Dildy）は、アメリカ空軍のF-15のパイロットであった退役空軍大佐であり、北大西洋条約機構（NATO）の防空任務などの豊富な経験を有している指揮官でもあった。また、彼は政治学の修士号を取得しており、オスプレイ社からは本書の他に「Campaign」シリーズの『Fall Gelb —1940年のドイツ軍西方攻勢』や「Duel」シリーズの朝鮮戦争、フォークランド紛争と湾岸戦争での空中戦に関する巻を執筆している。そして、本書では航空戦の歴史上で最も有名な戦いといえる「バトル・オブ・ブリテン」（以下「BOB」と略記）が如何に計画され、そして実行されたのかが描かれている。特に、本書ではイギリスとドイツの双方の資料をもとにした客観的な事実と、戦闘機パイロットと指揮官としての経験を背景に持ちながら航空戦史を専門的領域とする彼の分析が述べられており、多数の掲載された写真や解説図と合わせて戦いの様相を知ることができるだけでなく、部隊運用のコンセプトや指揮官の判断の影響等も含めて総合的に学ぶことができる内容となっている。

実際のところ、本書の翻訳は防衛大学校の防衛学教育学群に所属する航空自衛官の教官の有志を中心に、今後の航空作戦や戦史等に関する教育内容を充実させるための資を得ることを目的として始めたものであった。これは、著者のディルディが述べているだけでなく、本書が「Air Campaign」シリーズの第１巻であることに現れているように、BOBは「史上初の空軍同士の激突」であり、空軍種の軍人や隊員が学ぶべき戦史の1つとして位置づけられるからである。これに加えて、BOBは航空自衛隊の自動警戒管制システムの原型ともいえる統合防空システム（以下「IADS」と略記）が初めて運用された戦いであり、数多くの学ぶべき教訓があるからでもあった。

BOBについては、これまでにも様々な航空作戦やエア・パワーに関する著書で取り上げられてきた。そして、これらの著書では、第1次世界大戦時の飛行船（ツェッペリン）によるロンドン空爆時にイギリスは「監視哨（spotting stations）」を設置して組織的な防空態勢を敷いていたにも拘らずドイツ空軍の情報見積が甘かったことや*1、爆撃機を直接援護したドイツ戦闘機がイギリス戦闘機に対して不利であったこと*2、そしてドイツ空軍は勇敢なパイロットと高性能の戦闘機による優れた戦術は有していたが戦略的には愚行を犯したことなどが指摘されているが*3、これらの内容が本書には包含されている。このように、イギリス空軍とドイツ空軍との間の相互作用の場である戦闘を中心として、作戦の準備段階から実行段階までを多角的な視点から捉えている本書は、空軍種に所属する者だけでなく、リーダーシップやマネジメントを総合的に学ぼうとする人たちにとっても有益な参考書になり得るだろう。

ここで改めてBOBを振り返るならば、この戦いは空という「新たな領域」での戦いであった。現代においては宇宙、サイバー、電磁波といった領域が「新たな領域」とされ、それぞれの領域における能力強化が推進されているが*4、航空機の有用性を認めた列強各国が爆撃機や戦闘機を開発して実戦配備を進めていた当時の「新たな領域」は空であったと言える。また、制空権の重要性と戦略爆撃の意義を唱えたイタリアの軍人であり本書でも引用されているドゥーエが著書の『制空』で「飛行機は攻勢作戦に適している」と論じたように、当時の空での戦いは主導権を握れる攻勢側が有利とみられていたが*5、BOBは守勢側のイギリスが勝利した戦いであることが特筆される。そして、これまで不利とされてきた守勢側が勝利できた背景には、イギリスが史上初のIADSを構築していたことがあった。すなわち、IADSは敵の侵攻を待ち受けることで守勢側が効果的に攻撃力を発揮することを可能としたのである。

それでは、このIADSは如何にして生み出されて守勢側の不利を克服したのであろうか。本書では、このIADSが構築されるまでの変遷とドイツ空軍の鷲攻撃への対処に際して如何に運用されたのかが述べられている。また、口絵に掲載されている「イギリス空軍の統合防空システム」（本文57

頁）では、如何にIADSの構成要素が連結されて機能したのかが系統図で示されているが、ここで重要であるのは、IADSは新兵器であるCHレーダーや新設されたフィルター・ルーム等の各ユニットを繋ぎ合わせるだけで実現されたものではないということである。

まず、IADSには可能な限り遠方で侵攻部隊を迎撃することで本土への攻撃（爆撃）を食い止めるという基本構想が根底にある。そして、防空警戒網の必要性からCHレーダーが開発されたが、ディルディは、CHレーダーが侵攻部隊を探知しても、その情報をもとに戦闘機の編隊長が予想会敵点を見積もるのは「無駄な計算」であることが演習で明らかにされ、その改善策として方面指揮所で「プロット」をもとに導き出した予想会敵点に管制官が戦闘機を誘導するという作戦構想（それに基づく運用要領や戦術を包含したコンセプト）が形成されていったことを明らかにしている。また、この管制官が戦闘機を予想会敵点に誘導するという構想には、ダウディング大将とパーク少将が堅持した「早期要撃」と、マロリー少将が（理由はともかく）支持した「ビッグ・ウィング」の双方が包含されている。そして、ダウディング大将が率いる戦闘機軍団は、ドイツの上陸企図を断念させるために航空優勢を相手に渡さない、すなわち「負けない」という目的を固守することでIADSを守勢側の不利を克服し得るシステムならしめたのである。

つまり、IADSはCHレーダーという新兵器が開発されたからだけではなく、この新兵器と既存の兵器を新たな作戦構想で「組み合わせ」ることによって生み出され、その目的に沿って運用されたからこそ不利を克服することができたと言える。このような先進技術から生み出される新兵器と現有兵器を、従来の作戦構想のもとでの試行錯誤を経て新しい構想で運用するように進化していくという流れは、今も昔も変わらない。また、兵器と作戦構想を一般的な「モノ」と「コンセプト」に置き換えるならば、この構造は幅広い事象に対応した様々な戦略の立案や実行にも当てはまるだろう。そして、この「従来型（Legacy Type）」と「新型（New Type）」のモノとコンセプトの「組み合わせ」は、次のように整理することができる。

・「従来型」のモノを、「従来型」のコンセプトで運用する（LL型）。
・「新型」のモノを、「従来型」のコンセプト（の延長）で運用する（NL型）。

・「従来型」のモノを、(従来とは異なる)「新型」のコンセプトで運用する(LN型)。
・「新型」のモノを、(同上)「新型」のコンセプトで運用する。(NN型)

このような「組み合わせ」の整理にIADSが構築されるまでの変遷をあてはめると、下図のようになるだろう(対空砲とサーチライトは省略)。

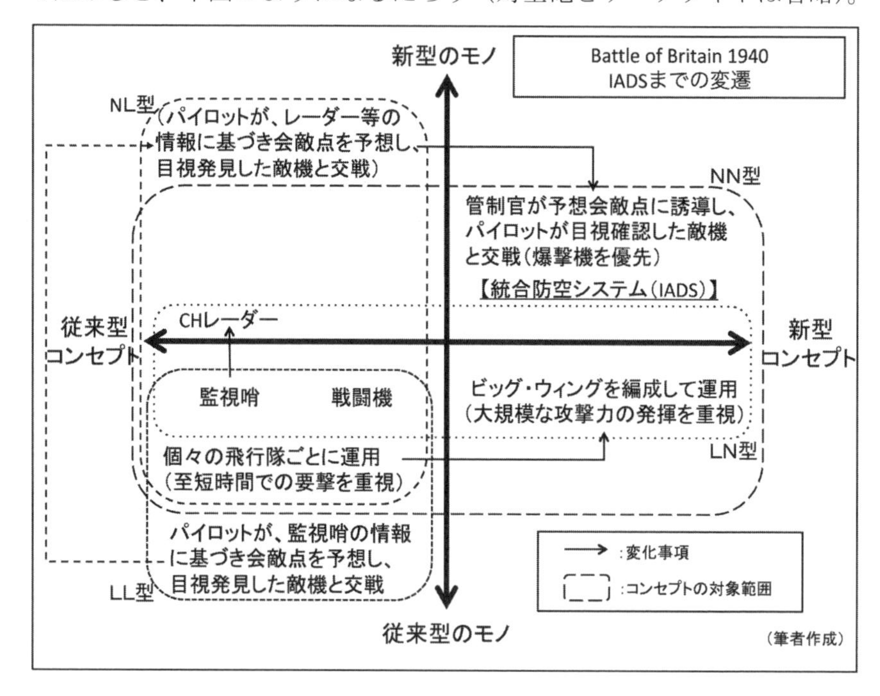

この構図は、新たな課題を克服するためには新しい「組み合わせ」が鍵となることに加え、全体として新しいシステムであっても構成要素の全てが新しいわけではないということを示している。そして、このような整理は、例えば「平成31年度以降に係る防衛計画の大綱」に示された多次元統合防衛力や領域横断作戦に関する検討にも適用することが可能であろう。

この多次元統合防衛力は、「従来の延長線上ではない、未来の礎となる真に必要な防衛力の姿」であり＊6、「全ての領域(陸海空及び宇宙・サイバー・電磁波の領域)の能力を融合させる領域横断作戦等を可能にする」(括弧内は引用者)ものとされる＊7。また、その取り組みの一環として、宇宙、サイバー、電磁波といった「新たな領域」での活動に係る防衛力整備等が推進されていることは前述のとおりである。
ただし、これら「新たな領域」とされるものであっても、例えば電磁波領域ではBOBにおいてもBBC放送の停止や対クニッケパインとしての擬似信号の送信といった戦いが繰り広げられていた。また、この電磁波領域での戦いで相手に対する妨害が有効に機能しているか否は、相手（ドイツの侵攻部隊）の行動から自分（イギリスの管制官やパイロット）が判断しなければならないものである。そして、この状況は現代の電磁波領域の戦いにおいても共通していることからすると、戦場の「現場」がクラウゼヴィッツ（Carl von Clausewitz）のいう「不確実な事象の霧の中に包まれている」ことに＊8、今も昔も変わりはない。これに加えて、空という領域も航空機が登場した時代には「新しい領域」と捉えられるものであったと考えられることからすると、今「新しい領域」と表現されている宇宙やサイバー等の領域も、領域そのものが新しいわけではなく、そこで実行可能なことと期待できる波及効果が新しく見出されている領域として捉えられるという見方もできる。
そして、ディルディは、BOBでのイギリスの勝因として、ゲーリングが戦闘機軍団に「勝利を手渡した」ことを指摘している。これを換言するならば、戦闘機軍団は「負けないことによって勝利した」ということであり＊9、古くは孫子のいう「先ず勝つべからざるを為して、以って敵の勝つべきを待つ」となるだろう＊10。つまり、「戦場の霧」とも表現される「不確実な事象の霧」に包まれながらイギリス空軍がBOBでの勝利を呼び込むことができたのは、ドイツ空軍の「鷲攻撃」以前にIADSを構築していたからということ以上に、IADSを「負けない」という目的を達成するために「骨身を惜しまない粘り強さをもって」整備、運用することでドイツ空軍の失敗に乗じることができたからこそだと考えられる。そして、この「負けない」という目的は、まさに日本の防衛戦略にも合致していると言えるだろう。また、BOBでの空という「新しい領域」を主体とした戦いは、陸上の部隊や施設等のほか艦艇等にも直接的な影響力を行使するものであり、まさに複数の領域に対して複雑かつ大きな影響を及ぼすものであった。これに加えて、BOBではレーダーや航法のためのものを含む各種通信（電磁波領域）での戦いも行われていたことからすれば、これを領域横断作戦の先駆けとして捉えることもできるだろう。このことは、領域横断作戦の先にある「全領域統合作戦（Joint All-Domain Operations : JADO）」に臨む際にも*11、BOBは学ぶべき戦史であり続けることを意味していると言える。

BOB等の戦史や、孫子やクラウゼヴィッツが論じた古典戦略は、戦争に勝利をもたらす「魔法」は存在せず、現実の中で苦境を打開するために為すべきことを見出してやり抜く意志と地道な行動こそが勝利を手にするための鍵であることを教えてくれる。これは、多次元統合防衛力や領域横断作戦が提唱されている現代においても、そもそも「新たな領域」として捉えられた空の領域における作戦への理解を深化させることが、将来に向けて航空防衛力を進化させ、その真価を発揮し続けるための方策を導くことに繋がり得るということを示していると考えられる。

いっそう厳しさと複雑さを増している環境に適応するためには、未知なる状況に立ち向かい大切なものを守り抜かんとする意志の力と新しい知識が必要とされる。しかしながら、今の環境の先にある将来を切り拓くために求められるのは、知識そのものの量ではなく、過去から学び取って今後に活かせる思考力と行動力である。本書は、このための「覧古考新」への認識を共にする航空自衛隊の戦略と戦史の専門家が協力して翻訳と解説に取り組んだものであるが、我々には個々の専門分野がある一方で、特に翻訳や出版については初心者がほとんどであった。このため、翻訳や解説の文章には一般的には馴染まない（航空自衛隊的な）表現等が混在してしまっているかもしれないが、これらの表現のほか如何なる訳の間違いも、その責任のすべては監訳者である私にある。

なお、解説を含め本書におけるいかなる主張や意見も、訳者や解説者が属する組織の見解とは無関係であることをお断りしておきたい。

最後に、我々のような教育研究や部隊等の「現場」に立つ者が本を出すという「新たな領域」への大胆な挑戦に賛同していただいた芙蓉書房出版の平澤公裕社長の勇断に感謝を申し上げる。

本書が読者の皆さまの「新たな領域」への離陸を後押しできる参考となれば、我々一同にとり幸いである。

2021年早春

註

*1 Phillip Meilinger, *Airwar: Theory and Practice*, Frank Cass, London (2003), p.25.

*2 David Mets, *Aipower and Technology, Smart and Unmanned Weapons*, Praeger Security Internationa, London (2009), p.45.

*3 Colin Gray, *Airpower for Strategic Effect*, Air University Press, Maxwell Air Force Base, Alabama (2012), p.123.

*4 防衛省『令和2年版防衛白書』日経印刷、2020年、224頁。

*5ドゥーエは攻撃側が選定した目標に爆弾を投下できるのに対し、守勢側が攻撃地点を察知できず「防御態勢を増強できる時間的余裕はない」とした。また、防御側が「敵を捜索する時間は無意味」とし、航空攻撃からの防御は「経済の原則に反する」ともしている。戦略研究学会、瀬井勝公『戦略論大系⑥ドゥーエ』芙蓉書房出版、2002年、31、80〜84頁。

*6 首相官邸「『安全保障と防衛力に関する懇談会』(第7回会合) 議事要旨」、https://www.kantei.go.jp/jp/singi/anzen_bouei2/dai7/gijiyousi.pdf。

*7 防衛省「防衛大臣の記者会見」(2018年12月18日)、https://warp.da.ndl.go.jp/info:ndljp/pid/11591426/www.mod.go.jp/j/press/kisha/2018/12/18a.html。

*8 カール・フォン・クラウゼヴィッツ『戦争論』淡徳三郎訳、徳間書店、1995年、72頁。

*9 Colin Gray, *Airpower for Strategic Effect*, p.124.

*10 金子治『新訂孫子』岩波書店、2000年、54頁。

*11 米空軍は、大国間競争での優位性を維持するためとして、昨年6月に「全領域統合作戦」のドクトリンを新たに策定したことを公表し、同年10月に同ドクトリンを公開している。

関係地名一覧　（口絵頁の地図中の地名を掲載した）

■イギリス

Bentley Priory（ベントレー・プライオリー）
　戦闘機軍団司令部
Biggin Hill（ビギン・ヒル）
　第32、第610飛行隊
Birmingham（バーミンガム）
Box（ボックス）
Brighton（ブライトン）
Bristol（ブリストル）
Boscombe Down（ボスコム・ダウン）
Bromley（ブロムリー）
Cambridge（ケンブリッジ）
Canewden（カネードン）
Coltishall（コルティスホール）
　第66、第242飛行隊
Coventry（コヴェントリー）
Croydon（クロイドン）
　第111飛行隊
Debden（デブドン）
　第17飛行隊
Detling（デットリング）
Digby（ディグビー）
　第29、第46、第611飛行隊
Dover（ドーバー）
Duxford（ダックスフォード）
　第19飛行隊
Eastchurch（イーストチャーチ）
　第266飛行隊
Exeter（エクセター）
　第87、第213飛行隊
Filton（フィルトン）
Fowlmere（フォウルミア）
Gravesend（グレーブセンド）
　第501飛行隊
Hastings（ヘースティングス）
Hawkinge（ホーキンジ）
Heath（ヒース）
Hornchurch（ホーンチャーチ）
　第41、第65、第74飛行隊
Isle of Wight（ワイト島）
Kenley（ケンリー）
　第64、第615飛行隊
London（ロンドン）
Lympne（ラインプネ）
Manston（マンストン）
　第600飛行隊
Martlesham（マートルシャム）
　第25、第85飛行隊
Middle Wallop（ミドル・ウォロップ）
　第238、第604、第609飛行隊
North Weald（ノース・ウィールド）
　第56、第151飛行隊
Northalt（ノーソルト）
　第1、第257飛行隊
Norwich（ノリッジ）
Nottingham（ノッティンガム）
Oxford（オックスフォード）
Pembrey（ペンブリー）
　第92飛行隊
Pevensey（ペバンゼイ）
Plymouth（プリマス）
Poling（ポーリング）
Portsmouth（ポーツマス）
Rye（ライ）
Rochforfd（ママ）（Rochford）（ロッチフォード）
Rochester（ロチェスター）
Southampton（サウサンプトン）
St Eval（セント・エバル）
　第234飛行隊

Swingate（スウィンゲート）
Tangmere（タングミア）
　第43、第601飛行隊
Uxbridge（アクスブリッジ）
Warmwell（ワームウェル）
　第152飛行隊
Watnall（ワトナル）
Westhampnett（ウェサンプネット）
　第145飛行隊
West Malling（ウェスト・マリング）
Wittering（ウィッタリング）
　第23、第229飛行隊
Worthy Down（ワーシー・ダウン）

❖

Surrey Docks（サリー・ドック）
West India Dock （ウェスト・インディア・ドック）
Royal Victoria Docks（ロイヤル・ビクトリア・ドック）
Tilbury Dock（ティルベリー・ドック）

■ドイツ

Amiens（アミアン）
Amsterdam（アムステルダム）
　第9航空軍団司令部
Angers（アンジェ）
　第1急降下爆撃航空団
Antwerp（アントウェルペン）
Arras（アラス）
　第2爆撃航空団
Audenbert（オードンベール）
　第26戦闘航空団
Beaumont-le-Roger（ボーモン＝ル＝ロジェ）
　第2戦闘航空団
Beauvaris（ボーベ）
　ドイツ空軍総司令部（前線司令部）
Brest（ブレスト）
　第40爆撃航空団第Ｉ飛行隊
Brussels（ブリュッセル）
　第2航空艦隊司令部
Calais（カレー）
　第52戦闘航空団、第210試験飛行隊
Campagne（カンパーニュ）
　第54戦闘航空団
Cherbourg（シェルブール）
　第3航空艦隊戦闘機軍団司令部、第27戦闘航空団
Coen（コーエン）
　第77急降下爆撃航空団
Compiègne（コンピエーニュ）
　第1航空軍団司令部
Coquelles（コケル）
Cormeilles-en-Vexin（コルメイユ＝アン＝ヴェキシン）
　第76爆撃航空団
Deauville（ドーヴィル）
　第8航空軍団司令部
Dieppe（ディエップ）
Dinard（ディナール）
　第4航空軍団司令部
Dunkirk（ダンケルク）
Évreux（エブルー）
　第54爆撃航空団
Ghent（ヘント）
　第2航空軍団司令部
Guernsey（ガーンジー島）
Guînes（ギネ）
Jersey（ジャージー島）
Laon（ラン）
Laval（ラヴァル）
　第76駆逐航空団
Le Culot（ル・キュロット）
　第3爆撃航空団
Le Havre（ル・アーブル）
Lieége（リエージュ）
Lille（リール）

　第53爆撃航空団、第26駆逐航空団
Marck（マルク）
Nantes（ナント）
　第126、第806爆撃飛行隊(海軍支援)
Orléans（オルレアン）
　第1教導航空団
Orly（オルリ）
Ostend（オーステンデ）
Paris（パリ）
　第3航空艦隊司令部
Rennes（レンヌ）
　第53戦闘航空団
Rosières-en-Santerre（ロジエール＝アン＝サンテール）
　第1爆撃航空団
Rotterdam（ロッテルダム）
Samer（サメール）
　第3戦闘航空団
Soesterberg（スーステルベルク）
　第4爆撃航空団
St Malo（サン・マロ）
　第2急降下爆撃航空団
St Omer（サントメール）
The Hague（デン・ハーグ）
Tours（トゥール）
　第27爆撃航空団
Toussus-le-Noble（トウシュ＝ル＝ノーブル）
　第2駆逐航空団
Vannes（ヴァンヌ）
　第100爆撃飛行隊（夜間嚮導）
Villacoublay（ヴィラクブレー）
　第5航空軍団司令部、第55爆撃航空団
Wissant（ヴィッサン）
　第2航空艦隊戦闘機軍団司令部、第51戦闘航空団

監訳者・訳者・解説者紹介

■監訳者

橋田和浩（はしだ かずひろ） 1等空佐　航空自衛隊中部航空警戒管制団副司令
1969年生まれ、防衛大学校（理工学専攻）卒業、同総合安全保障研究科前期課程修了、修士（安全保障学）
西部航空警戒管制団第3移動警戒隊長、航空自衛隊幹部学校航空研究センター防衛戦略研究室長、防衛大学校防衛学教育学群戦略教育室長（教授）などを経て現職
主要業績：「将来的な東アジア地域の戦略環境の展望：米中両国の影響力の観点から」航空自衛隊幹部学校編『エア・パワー研究』第4号（2017年12月、共著）

■訳　者

岸浦信勝（きしうら のぶかつ） 2等空佐 防衛大学校防衛学教育学群戦略教育室准教授
1970年生まれ、防衛大学校（理工学専攻）卒業、慶應義塾大学大学院法学研究科政治学専攻前期博士課程修了、修士（法学）
航空総隊司令部基地警備研究班長、航空救難団千歳救難隊長、航空幕僚監部人事教育部教育課などを経て現職
主要業績：「ブルー・シャツのスペシャル・フォース（空軍特殊作戦部隊）航空自衛隊が保有すべき特殊作戦能力に関する考察」『鵬友』第30巻第6号（2005年3月）、第31巻第1号（2005年5月）

渡邉　旭（わたなべ あきら） 3等空佐　防衛大学校防衛学教育学群戦略教育室准教授
1981年生まれ、中央大学法学部卒業、防衛大学校総合安全保障研究科前期課程修了、修士（安全保障学）
航空自衛隊第3高射群、航空自衛隊航空戦術教導団司令部、航空自衛隊北部航空方面隊司令部などを経て現職

小林伸嘉（こばやし のぶよし） 2等空佐　防衛研究所戦史研究センター所員
1970年生まれ、防衛大学校（理工学専攻）卒業、同総合安全保障研究科前期課程修了、修士（安全保障学）
航空幕僚監部防衛部運用課、航空自衛隊幹部学校教官などを経て現職
主要業績：「日本による沖縄局地防衛責務の引受け：「大陸防空」と沖縄の防空体制の連動」『軍事史学』第49巻第1号（2013年6月）

■解説者

篠崎正郎（しのざき まさお） 3等空佐　航空自衛隊幹部候補生学校教官
1980年生まれ、京都大学法学部卒業、防衛大学校総合安全保障研究科前期課程・後期課程修了、博士（安全保障学）

統合幕僚監部運用部運用第１課、航空自衛隊幹部学校教官などを経て現職
主要業績：『引き留められた帝国—戦後イギリス対外政策におけるヨーロッパ域外関与、1968～82年』（吉田書店、2019年、第6回猪木正道賞受賞）、『現代ヨーロッパの安全保障—ポスト2014:パワーバランスの構図を読む』（ミネルヴァ書房、2019年、共著）

福島大吾（ふくしま だいご）２等空佐 防衛大学校防衛学教育学群国防論教育室准教授
1966年生まれ、防衛大学校（理工学専攻）卒業、東京工業大学総合理工学研究科前期課程修了、修士（工学）
航空自衛隊補給本部、航空自衛隊第2航空団、航空自衛隊幹部学校などを経て現職

村上強一（むらかみ きょういち）２等空佐 防衛大学校防衛学教育学群統率・戦史教育室准教授
1963年生まれ、防衛大学校（理工学専攻）卒業、上智大学大学院修了、修士（国際関係論）
第301飛行隊、航空幕僚監部防衛部運用課、航空自衛隊幹部学校などを経て現職
主要業績：書評　伊藤純郎著『特攻隊の〈故郷〉—霞ヶ浦、筑波山、北浦、鹿島灘—』『軍事史学』第55巻第4号（2020年3月）

由良富士雄（ゆら ふじお）２等空佐　防衛大学校防衛学教育学群統率・戦史教育室准教授
1963年生まれ、大阪教育大学教育学部卒業、防衛大学校総合安全保障研究科前期課程修了、修士（安全保障学）
航空自衛隊幹部候補生学校教官、航空自衛隊幹部学校教官、防衛研究所戦史研究センター所員などを経て現職
主要業績：「太平洋戦争における航空運用の実相－運用理論と実際の運用との差異について－」『防衛研究所戦史研究年報』第15号（2012年3月）、「明治日本の海岸築城構造物の技術的変遷－技術革新の大きな波と限られた国力の中で行われた合理性の追求－」『軍事史学』第56巻第3号（2020年12月）

天貝崇樹（あまがい たかき）３等空佐　防衛大学校防衛学教育学群戦略教育室准教授
1969年生まれ、防衛大学校（理工学専攻）卒業
航空総隊電子戦管理隊、航空総隊電子作戦群電子戦隊、航空自衛隊幹部学校などを経て現職
主要業績：「次世代の電子戦について－機械学習とネットワークを活用したEMS活動」『海幹校戦略研究』特別号、（2020年4月）、「ネットワークと電磁スペクトラム管理」航空自衛隊幹部学校編『エア・パワー研究』第4号（2017年12月）

BATTLE OF BRITAIN 1940
by Douglas C. Dildy

This edition published by Fuyo Shobo by arrangement with
Osprey Publishing, an imprint of Bloomsbury Publishing PLC
through Tuttle-Mori Agency, Inc., Tokyo

バトル・オブ・ブリテン 1940

——ドイツ空軍の鷲攻撃と史上初の統合防空システム——

2021年 3月26日　第1刷発行

監訳者
橋田（はしだ） 和浩（かずひろ）

発行所
㈱芙蓉書房出版
（代表 平澤公裕）
〒113-0033東京都文京区本郷3-3-13
TEL 03-3813-4466　FAX 03-3813-4615
http://www.fuyoshobo.co.jp

印刷・製本／モリモト印刷

ISBN978-4-8295-0808-4